U0897918

中等职业学校电气安装维修理论与实践一体化教材

数字电子

王　建　邵小英　主编

机械工业出版社

本书根据中等职业学校电气控制与维修专业理论实践一体化课程教学大纲，参照国家职业标准编写。主要内容包括：组合逻辑电路、触发器、时序逻辑电路、脉冲信号的产生与转换、模/数（A/D）转换及数/模（D/A）转换等。每一章后面都配有相应的技能训练和复习思考题供教学使用，充分体现出理论与实践有机结合的教学模式；通过联系生产实际，突出操作技能，重视学生动手能力的培养。

另外，本书配有教学电子课件，包括教案、复习思考题答案、期中与期末模拟试题等。读者可以从机械工业出版社网站下载（网址为：http：//www.cmpbook.com）。

本书既可作为中等职业学校电气控制与维修专业教材，也可作为成人高校或职业技术学院相关专业的教材，还可供有关专业技术人员参考和使用。

图书在版编目（CIP）数据

数字电子/王建，邵小英主编．—北京：机械工业出版社，2007.5（2015.7重印）

中等职业学校电气安装维修理论与实践一体化教材

ISBN 978-7-111-21489-2

Ⅰ.数… Ⅱ.①王…②邵… Ⅲ.数字电路-电子技术-专业学校-教材 Ⅳ.TN79

中国版本图书馆CIP数据核字（2007）第069286号

机械工业出版社（北京市百万庄大街22号 邮政编码100037）

策划编辑：朱 华 王振国

责任编辑：王振国 版式设计：冉晓华 责任校对：魏俊云

封面设计：马精明 责任印制：刘 岚

北京京丰印刷厂印刷

2015年7月第1版·第4次印刷

184mm×260mm·9.75印张·228千字

7 001—8 000册

标准书号：ISBN 978-7-111-21489-2

定价：16.00元

凡购本书，如有缺页、倒页、脱页，由本社发行部调换

电话服务

社服务中心：（010）88361066

销售一部：（010）68326294

销售二部：（010）88379649

读者购书热线：（010）88379203

网络服务

门户网：http：//www.cmpbook.com

教材网：http：//www.cmpedu.com

封面无防伪标均为盗版

中等职业学校电气安装维修理论与实践一体化
教材编审委员会

序

进入21世纪，我国逐渐成为“世界制造中心”，制造业赖于生存与发展的生产技术主力军是技能型人才队伍。而制造业向消费市场提供的机床、装备机械、电气设备及各种含有电力拖动与电气控制的产品中，其电气系统都占有很大的分量和起着关键作用。要想完成装备中电气系统的研发、试制、安装、维修、操作及使用，就需要有大量的电工类专业技能人才参与。鉴于我国制造业及其他工业企业的人才结构状况，维修电工、机电一体化以及电子技术专业技能人才严重缺乏，尤其是经过培训并获得职业技能资格证书的高技能人才更为奇缺，这种格局已成为制约我国工业经济快速发展的瓶颈。因此，国务院先后召开了“全国职业教育工作会议”和“全国加快培养高技能人才座谈会议”，明确提出在“十一五”期间培养技师和高级技师190万人，培养高级工800万人，使我国高技能人才总量达到2800万人的宏伟目标。

众所周知，高职院校、技师学院、中职学校是培养和造就中高级技能人才的主要阵地，而教材则是使这些学校向学生传授知识与技能的主要工具之一，也是人们接受终身教育和职场发展的学习工具，编写一套既能适应时代要求，又能有效地提高人才培养效果的好教材，就等于为推进技能人才培养提供了成才就业的金钥匙。

随着现代科学技术的不断发展，在电气技术方面电子元器件及变换技术的产生，电动机由直流发电机—电动机调速向各类交流调速方向快速发展；电气控制方面由接触器控制系统向可编程序控制器（PLC）系统发展；机床电气控制也由接触器控制系统向数控机床系统、计算机数控机床（CNC）快速转化。各类职业技术院校针对现代工业企业对技能人才具有极大需求的特点，大胆提出了“知识宽广够用，重在应用技能为本”的人才培养理念；又根据电气技术不断发展，人才培训理念创新和企业人才需求“特点”的时代要求，将原来的专业理论课与技能训练课分别开设的教学内容及教学模式，逐步调整为专业理论与技能训练一体化的教学内容和教学模式。因此，我们组织了长期工作在教学第一线的专家和有丰富教学经验的教师编写了这套适合中、高级技能人才培养的电气安装与维修专业的理论与实践一体化教材。

这套教材在编写原则上，着重强调了理论与实训一体化的知识内容同步、训练同步的模式。教材内容以文字、数据、图、表格相结合的方式展示给学生，以此提高学生的学习兴趣和认知的亲和力。而且，还参照相关国家职业标准规定的知识层次，但在内容上又不完全拘泥于标准，以此照顾到初级、中级技能人才接受知识和技能培训的需要，为各类技能人才培训搭建一个阶梯型架构。同时，也为满足培训、考工和读者自学的需要提供教材的配套。最后，在教材编写过程中尽可能多地充实新知识、新技术、新工艺、新内容，力求增强技术知识的领先性和实用性，重在教会接受培训的人员掌握一些新知识与新技能。本套教材主要作为中等职业学校的教材，也可作为技师学院，高职学校选用参考。

在本套教材的编写过程中，得到了许多学校领导、专家、老师的指导及帮助，在此谨向他们表示衷心的感谢。

由于我们的水平和编写时间有限，教材中难免存在错误和不足之处，诚请从事职业教育的专家、老师和广大读者批评指正。

中等职业学校电气安装维修理论与实践一体化
教材编审委员会

目　录

第一章　组合逻辑电路

学习目标

“逻辑”泛指事物或思维的规律性。数字电路的信号是一种二值信号，它的取值只有0和1。而且电路的输出信号与输入信号之间有确定的规律性和因果关系，即有确定的逻辑关系。因此，数字电路有时也称为逻辑电路。逻辑电路可分为组合逻辑电路和时序逻辑电路两大类。

本章主要介绍逻辑门电路、逻辑代数、组合逻辑电路的分析、编码器和译码器等内容。

本章的学习目标：

1. 掌握逻辑门电路及逻辑代数的基本知识。
2. 熟悉组合逻辑电路的分析方法。
3. 掌握编码器和译码器的工作原理。
4. 掌握组合逻辑电路的安装技能。

第一节　逻辑门电路

在数字电路中，任何复杂的逻辑电路都是由与门、或门和非门等基本逻辑门电路组成的。本节主要介绍几种常用的逻辑门电路。

一、基本逻辑门电路

在数字逻辑电路中，基本逻辑关系为与、或、非三种，实现这三种逻辑功能的电路称为与门电路、或门电路和非门电路，简称与门、或门和非门。

1. 与门

（1）与逻辑

1）与逻辑的概念：图1-1所示电路是由两个开关串联控制电灯亮或灭的电路。要使电灯亮的这事件发生，必须两个开关都闭合，所以这个电路就电灯亮与开关闭合的因果关系而言是与逻辑关系。因此，与逻辑可概括为：

只有当决定一个事件的所有条件都成立时，事件才会发生，这种逻辑关系称为与逻辑关系。如果我们用Y来表示某一个事件的发生与否，用A和B分别表示决定这个事件发生的两个条件，那么与逻辑可表示为

$$Y = A \cdot B$$

式中　“·”——与逻辑的运算符号，A·B读作“A与B”，与逻辑运算符号“·”在运算中可以省略，上式可写成Y = AB。

Y = AB称为逻辑表达式，A、B、Y都是逻辑变量，逻辑变量只有两种状态，通常用1或0来表示，作为逻辑取值的1和0并不表示数值的大小，而是表示完全对立的两个逻辑状态，可以是条件的有或无，事件的发生或不发生，灯的亮或灭，开关的通或断，电压的高或低等。

2）与逻辑的运算规则：

$$0 \cdot 0 = 0 \qquad 1 \cdot 0 = 0$$
$$0 \cdot 1 = 0 \qquad 1 \cdot 1 = 1$$

（2）二极管与门电路　二极管与门电路如图1-2所示。

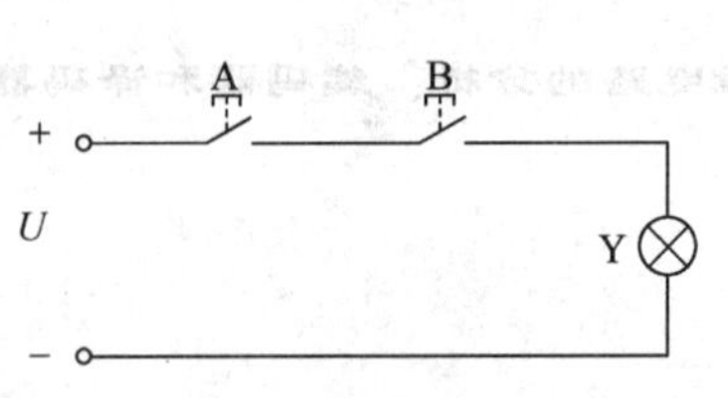

图1-1　开关控制与门电路

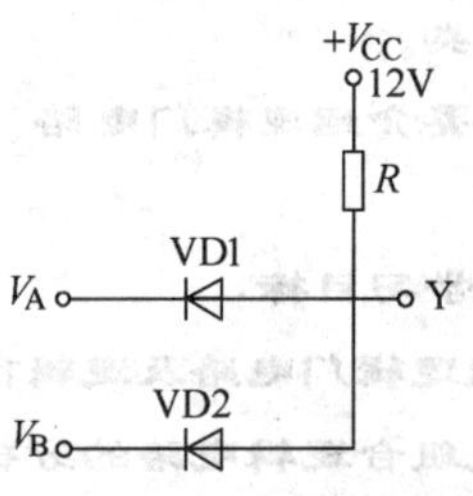

图1-2　二极管与门电路

1）工作原理：数字电路中的信号，通常只有两种状态，即高电平和低电平。图1-2所示电路中，V_A，V_B是两个输入信号，设高电平$V_H = 3V$，低电平$V_L = 0.3V$，如忽略二极管导电时的管压降，则A、B两个输入端共有如下四种不同的输入情况：

①$V_A = V_B = 0.3V$时，二极管VD1、VD2均导通，输出电位$V_Y = 0.3V$。

②$V_A = 0.3V$，$V_B = 3V$时，VD1管两端所承受的正向电压大而优先导通，V_Y被钳位于0.3V，VD2反偏而截止。此时输出电位$V_Y = 0.3V$。

③$V_A = 3V$，$V_B = 0.3V$时，这种情况与②类似，此时二极管VD2导通，VD1截止，输出电位$V_Y = 0.3V$。

④$V_A = 3V$，$V_B = 3V$时，二极管VD1、VD2均导通，输出电位$V_Y = 3V$。

由上述分析结果可得表1-1。由表可看出：只有当输入信号V_A、V_B均为高电平时，该电路的输出V_Y才是高电平。因此，这个二极管电路对输出获得高电平而言，输入信号与输出信号之间具有与逻辑关系，这是个与门电路。

2）真值表和逻辑表达式：如果用“1”表示高电平，“0”表示低电平。用字母A、B来表示输入信号，字母Y表示输出信号。这样表1-1可改写成表1-2，这种用1和0表示的所有可能的输入状态的取值和相应的输出状态的取值所组成的表格称为真值表。由表1-2可以归纳出与门的逻辑功能为：“有0出0，全1出1”。

表 1-1　二极管与门输入、输出关系

V_A/V	V_B/V	V_Y/V
0.3	0.3	0.3
0.3	3	0.3
3	0.3	0.3
3	3	3

表 1-2　与门真值表

A	B	Y
0	0	0
0	1	0
1	0	0
1	1	1

与门的逻辑表达式为

$$Y = AB$$

根据与门的逻辑功能，可以画出与门的输入、输出波形如图 1-3 所示。

由图 1-3 可见，与门电路具有控制作用，就像一种开关，当控制端 A=1 时，允许 B 端信号通过。

与门的逻辑符号如图 1-4 所示。

2. 或门

（1）或逻辑

1）或逻辑的概念：图 1-5 所示电路中的开关 A、B 为并联接法，显然，灯亮的条件是，只要开关 A 或 B 至少有一个闭合就行。所以这种灯亮与开关闭合的关系是“或”逻辑，因此或逻辑可概括为：

在决定一个事件发生的几个条件中，只要其中一个或者一个以上的条件成立，事件就会发生，这种逻辑电路关系称为或逻辑关系。或逻辑可以表示为

$$Y = A + B$$

式中　“+”——或逻辑运算符号，A+B 读成“A 或 B”。

2）或逻辑的运算规则：

$$0+0=0 \quad 1+0=1$$

$$0+1=1 \quad 1+1=1$$

（2）二极管或门电路　二极管组成的或门电路如图 1-6 所示。

1）工作原理：

①$V_A=V_B=0.3V$，二极管 VD1、VD2 均导通，输出电位 $V_Y=0.3V$。

②$V_A=0.3V$，$V_B=3V$，VD2 两端承受正向电压大而优先导通，V_Y 被钳位于 3V，VD1 因反偏而截止，此时输出电位 $V_Y=3V$。

③$V_A=3V$，$V_B=0.3V$，这种情况与②类似，VD1 导通，VD2 截止，输出电位 $V_Y=3V$。

④$V_A=3V$，$V_B=3V$，二极管 VD1、VD2 均导通，输出电位 $V_Y=3V$。

由以上分析可知，这个电路只要输入信号有一个或一个以上为高电平时，电路的输出就是高电平。因此，图 1-6 所示电路就输出获得高电平而言，是一个或门。

2）真值表和逻辑表达式：由或门电路的输入、输出关系可得或门电路的真值表如表 1-3 所示。由表 1-3 可将或门逻辑功能归纳为：“有 1 出 1，全 0 出 0”。

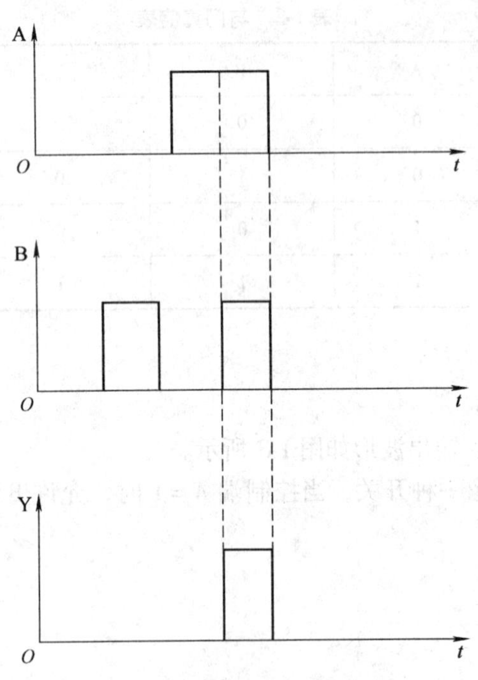

图 1-3　与门的输入、输出波形

图 1-4　与门逻辑符号

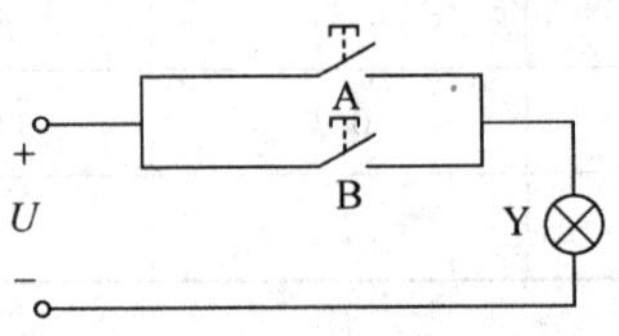

图 1-5　开关控制或门电路

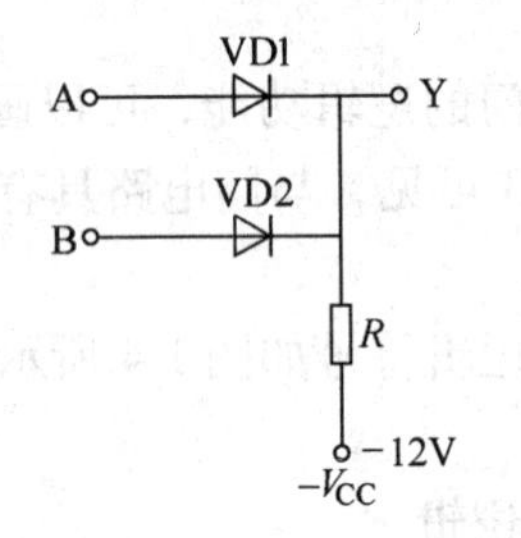

图 1-6　二极管或门电路

或门的逻辑表达式为

$$Y = A + B$$

或门输入、输出的波形图如图 1-7 所示。

表 1-3　或门真值表

A	B	Y
0	0	0
0	1	1
1	0	1
1	1	1

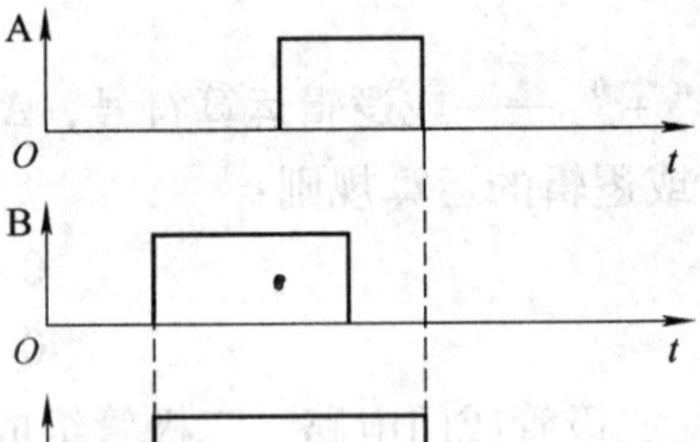

图 1-7　或门输入、输出的波形

或门的逻辑符号如图 1-8 所示。

3. 非门

（1）非逻辑

1）非逻辑的概念：图 1-9 所示开关控制电路中，要使电灯亮起来，开关 A 必须断开，所以这个电路就电灯亮与开关闭合而言符合非逻辑关系，故非逻辑可概括为：

在事件中，结果总是和条件呈相反状态，这种逻辑关系称为非逻辑关系。逻辑变量 A 的非逻辑的逻辑表达式是

$$Y = \overline{A}$$

式中　“—”——非逻辑运算符号，$\overline{A}$ 读成“A 非”。

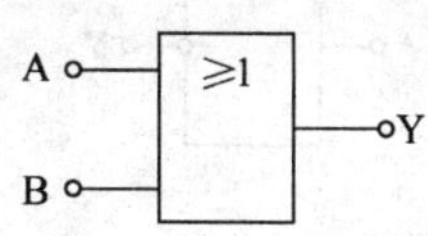

图 1-8　或门的逻辑符号

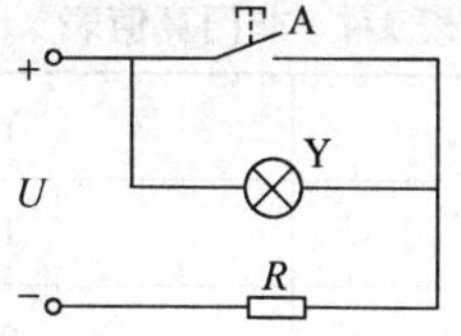

图 1-9　开关控制非门电路

2）非逻辑的运算规则：

$$\overline{0}=1$$
$$\overline{1}=0$$

（2）晶体管非门电路

晶体管非门电路如图 1-10 所示。图中 u_i 为输入信号，u_o 为输出信号，R_k 为限流电阻，偏置电源 $-V_{BB}$ 和偏置电阻 R_B 是为了保证输入为低电平时晶体管能可靠截止而设置的。

①当 u_i 为低电平时，$-V_{BB}$ 通过 R_K 和 R_B 分压加到晶体管基极上，使 $U_{be}=u_i-\dfrac{R_k}{R_K+R_B}(u_i+V_{BB})<0$，晶体管 VT 可靠截止，输出 u_o 为高电平，此时输出 $u_o=V_{CC}$。

②当 u_i 为高电平时，适当选取电路组件参数，$I_B=\dfrac{u_i-U_{BE}}{R_K}-\dfrac{U_{BE}+V_{BB}}{R_B}$，$I_{BS}\approx\dfrac{V_{CC}}{\beta R_c}$ 使 $I_B>I_{BS}$，晶体管 VT 饱和导通，输出 u_o 为低电平，此时 $u_o=0.3\text{V}$。

由以上分析可知，图 1-9 所示电路的输出电平与输入电平总是相反的，实现了非逻辑关系，所以是非门。晶体管非门的输入、输出波形如图 1-11 所示。由于输出信号与输入信号反相，所以也称图 1-10 所示电路为反相器。

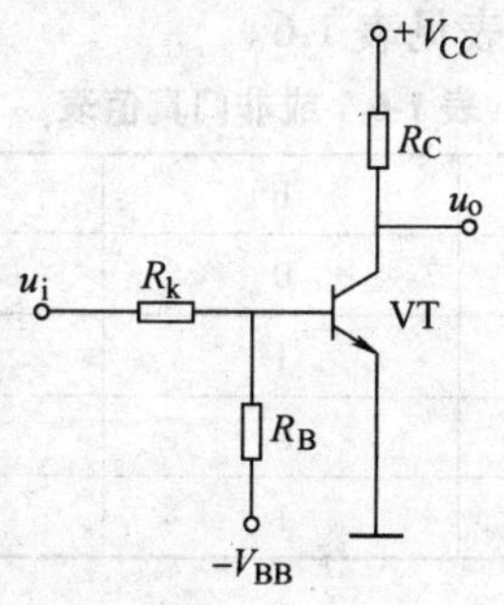

图 1-10　晶体管非门电路

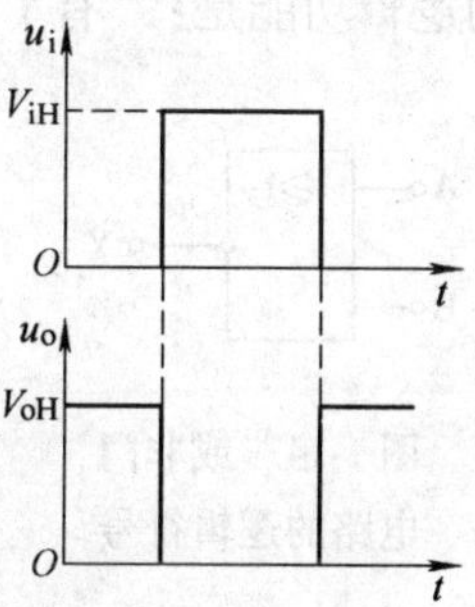

图 1-11　非门波形

非门电路只有一个输入端 A，其真值表见表 1-4。

非门的逻辑功能为：

输入低电平时，输出为高电平；输入高电平时，输出为低电平。

非门的逻辑表达式为 $Y=\overline{A}$

非门逻辑符号如图 1-12 所示。

表 1-4 非门真值表

A	Y
0	1
1	0

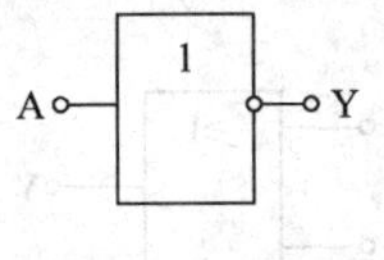

图 1-12 非门逻辑符号

4. 复合逻辑门

(1) 与非门 与非门的逻辑符号如图 1-13 所示。

与非门的逻辑功能是："有 0 出 1，全 1 出 0"。

与非门的逻辑表达式为

$$Y=\overline{AB}$$

与非门真值表见表 1-5。

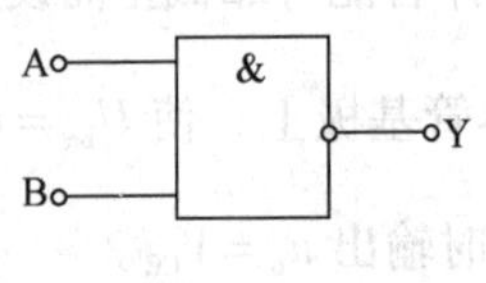

图 1-13 与非门电路的逻辑符号

表 1-5 与非门真值表

A	B	Y
0	0	1
0	1	1
1	0	1
1	1	0

(2) 或非门 或非门的逻辑符号如图 1-14 所示。

或非门的逻辑表达式为

$$Y=\overline{A+B}$$

或非门的逻辑功能是："有 1 出 0，全 0 出 1"。其真值表见表 1-6。

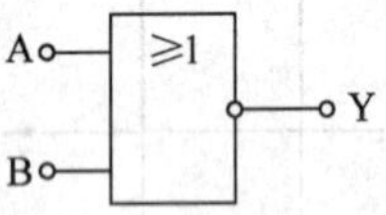

图 1-14 或非门电路的逻辑符号

表 1-6 或非门真值表

A	B	Y
0	0	1
0	1	0
1	0	0
1	1	0

(3) 异或门 异或门的逻辑符号如图 1-15 所示。

异或门的逻辑表达式为

$$Y=\overline{A}B+A\overline{B}=A\oplus B$$

异或门的逻辑功能是："输入相同，输出为 0；输入不同，输出为 1"，即"相同出 0，不同出 1"。其真值表见表 1-7。

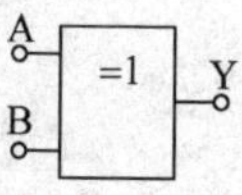

图 1-15　异或门电路的逻辑符号

表 1-7　异或门真值表

A	B	Y
0	0	0
0	1	1
1	0	1
1	1	0

晶体管在逻辑电路中是工作在放大区还是工作在饱和区？为什么？

二、集成逻辑门电路

上述用二极管、晶体管、电阻等组装而成的门电路，称为分立元件电路。其具有使用元件多、体积大、工作速度低、可靠性欠佳、带负载能力差等缺点，所以目前分立元件电路很少使用，已被数字集成电路所替代。所谓数字集成电路，就是把电路元件都制作在一块芯片上的电路。数字集成门电路目前应用较多的有两类：即 TTL 集成电路和 CMOS 集成电路。在集成逻辑门电路中，较典型的门电路是与非门。

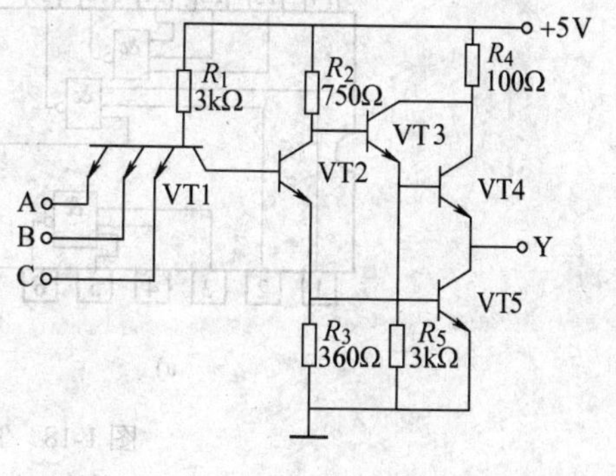

图 1-16　TTL 与非门电路

1. TTL 与非门

（1）TTL 与非门电路　图 1-16 是常用的 TTL 与非门电路。

VT1 是多发射极晶体管，可把它的集电结看成一个二极管，而把发射结看成与前者背靠背的几个二极管，如图 1-17 所示。这样，VT1 的作用和二极管与门的作用完全相似。

（2）TTL 与非门电路的工作原理

1）输入端不全为高电平的情况：当输入端中有一个或几个为低电平（约为 0.3V）时，则 VT1 的基极与输入低电平发射极间处于正向偏置，VT1 的基极电位 $V_{B1} \approx (0.3+0.7)\text{V}=1\text{V}$，它不足以向 VT2 提供正向基极电流，所以 VT2 截止，以致 VT5 也截止。在 VT2 处于截止状态下，电源将通过电

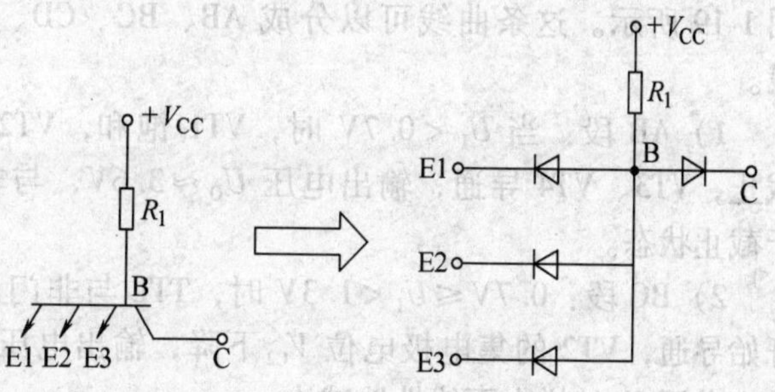

图 1-17　集成电路中的多发射极晶体管

阻 R_2 使晶体管 VT3 和 VT4 导通，所以输出端的电位为

$$V_Y = V_{CC} - I_{B3}R_2 - U_{BE3} - U_{BE4}$$

因为 I_{B3} 很小，可以忽略不计，于是：

$$V_Y \approx V_{CC} - U_{BE3} - U_{BE4} = (5 - 0.7 - 0.7)\text{V} = 3.6\text{V}$$

即输出为高电平。

2）输入端全为高电平的情况：当输入端均接高电平（约为 3.6V），即 $V_A = V_B = V_C = 3.6\text{V}$ 时，VT1 的基极电位升高，当 V_{B1} 达到 2.1V 时，就会使 VT1 的 B1-C1 结，VT2 的 B2-E2 结和 VT5 的 B5-E5 结这三个 PN 结正向饱和导通，VT1 的基极电位 V_{B1} 将被钳制在 2.1V，不再升高。VT2 的饱和导通使 VT2 的集电极电位 $V_{C2} = V_{E2} + U_{CE2} = V_{B5} + U_{CE2} \approx 0.7\text{V} + 0.3\text{V} = 1\text{V}$。此即 VT3 的基极电位，所以 VT3 可以导通。VT3 的发射极电位 $V_{E2} \approx 1\text{V} - 0.7\text{V} = 0.3\text{V}$，此即 VT4 的基极电位，而 VT4 的发射极电位也为 0.3V，因此 VT4 截止。

输出端的电位为 $V_Y = 0.3\text{V}$，即输出为低电平。

因此，图 1-16 所示电路的输入、输出关系符合与非逻辑，该电路是一个与非门。

图 1-18 是两种 TTL 与非门的外引脚排列。一片集成电路内的各个逻辑门互相独立，可以单独使用，但共用一根电源引线和一根地线。

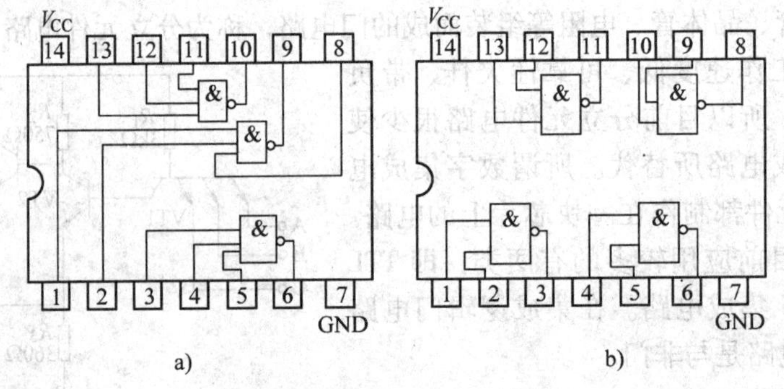

图 1-18 TTL 与非门外的引脚排列

a）CD4023B（3 输入三与非门） b）CT74LS00（2 输入四与非门）

（3）TTL 与非门电路的电压传输特性 电压传输特性是研究 TTL 与非门电路的输入电压 U_I 改变时，输出电压 U_O 如何随之变化的特性曲线，如图 1-19 所示。这条曲线可以分成 AB、BC、CD、DE 四段。

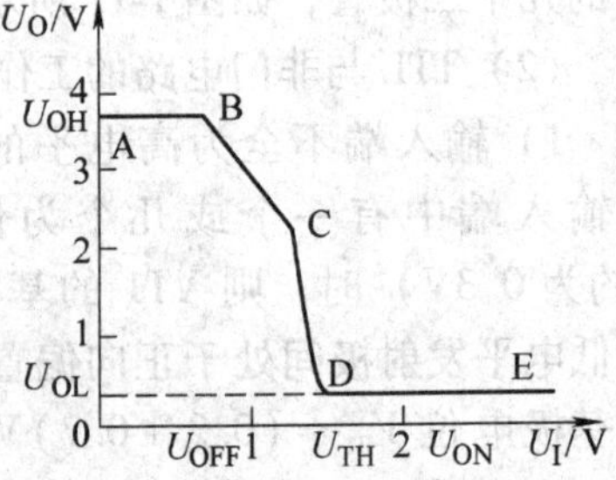

图 1-19 TTL 与非门电路的电压传输特性

1）AB 段：当 $U_I < 0.7\text{V}$ 时，VT1 饱和，VT2、VT5 截止，VT3、VT4 导通，输出电压 $U_O \approx 3.6\text{V}$，与非门处于截止状态。

2）BC 段：$0.7\text{V} \leqslant U_I < 1.3\text{V}$ 时，TTL 与非门的 VT2 开始导通，VT2 的集电极电位 V_{C2} 下降，输出电压 U_O 随输入电压 V_I 的增大而线性地减小。

3）CD 段：当 $U_I \geqslant 1.3\text{V}$ 之后，VT5 开始导通，输出

迅速转为低电平，$U_o \approx 0.3V$。

4）DE 段：当 $U_I \geqslant 1.4V$ 时，VT5 已饱和，保持输出为低电平。

TTL 与非门的几个主要参数：

①输出高电平电压 U_{OH}：对应于 AB 段的输出电压。

②输出低电平电压 U_{OL}：对应于 DE 段的输出电压。

输出高电平电压 U_{OH} 和输出低电平电压 U_{OL} 是在额定负载下测出的。对通用的 TTL 与非门，$U_{OH} \geqslant 2.4V$，$U_{OL} \leqslant 0.4V$。

③门电路的阈值电压 U_{TH}：在门电路输出电平发生转变时所对应的输入电平值。由图 1-19 可以看出，TTL 门电路的阈值电压 U_{TH} 在 1.4V 左右。

当 $U_I > U_{TH}$ 时，与非门的输出管处于饱和状态，输出为低电平，此时称为开门；当 $U_I < U_{TH}$ 时，与非门的输出管处于截止状态，输出为高电平，此时称为关门。

④关门电平 U_{OFF}：在保证输出为额定高电平的 90% 的条件下允许的最大输入低电平值。由图 1-19 可以看出，TTL 与非门的 $U_{OFF} \approx 0.8V$。

⑤开门电平 U_{ON}：在保证输出为额定低电平时所允许的最小输入高电平值。由图 1-19 可以看出 $U_{ON} \approx 2V$。

⑥平均传输延迟时间 t_{pd}　如图 1-20 所示，在与非门输入端加上一个脉冲电压，则输出电压将有一定的时间延迟，从输入脉冲上升沿的 50% 处到输出脉冲下降沿的 50% 处的时间称为下降沿传输延迟时间，用 t_{PHL} 表示；从输入脉冲下降沿的 50% 处到输出脉冲上升沿的 50% 处的时间称为上升沿传输延迟时间，用 t_{PLH} 表示。t_{PHL} 和 t_{PLH} 的平均值称为平均传输延迟时间，用 t_{pd} 表示，即 $t_{pd} = \frac{t_{PHL} + t_{PLH}}{2}$。$t_{pd}$ 越小，电路的开关速度越高。

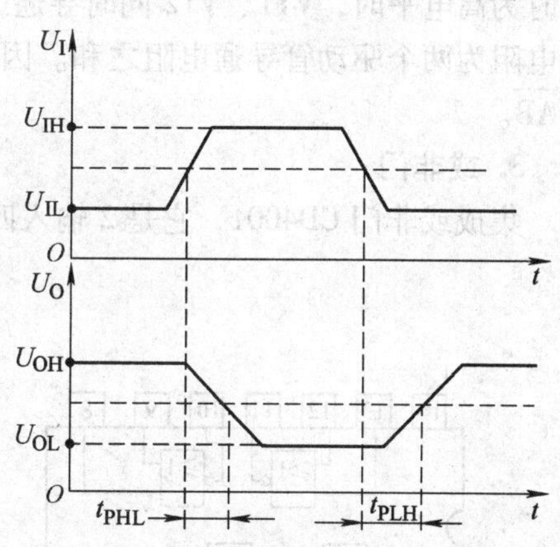

图 1-20　平均传输延迟时间电压波形

2. MOS 与非门

MOS 与非门可分为 NMOS、PMOS 和 CMOS 三种类型，其中 PMOS 速度较慢，用的较少。

（1）MOS 管的开关特性　MOS 管的漏极 D 和源极 S 相当于一个开关。如图 1-21 所示，对于 NMOS 管，当 $V_{GS} > V_T$ 时，MOS 管导通，漏极 D 和源极 S 之间导通电阻只有几百欧姆，相当于开关闭合。当 $V_{GS} < V_T$ 时，MOS 管截止，漏极 D 和源极 S 之间的电阻非常大相当于开关断开。PMOS 管与 NMOS 管类似，但导通电阻相对大一些。

（2）CMOS 与非门　CMOS 与非门又称为互补型 MOS 与非门，由 NMOS 和 PMOS 管共同组成。

1）电路组成：如图 1-22 所示，CMOS 与非门由 4 个 MOS 管组成，其中两只驱动管 VT1、VT2 是 N 沟道增强型 MOS 管，而两只负载管 VT3、VT4 是 P 沟道增强型 MOS 管。两个 PMOS 管相并联，而两个 NMOS 管相串联。

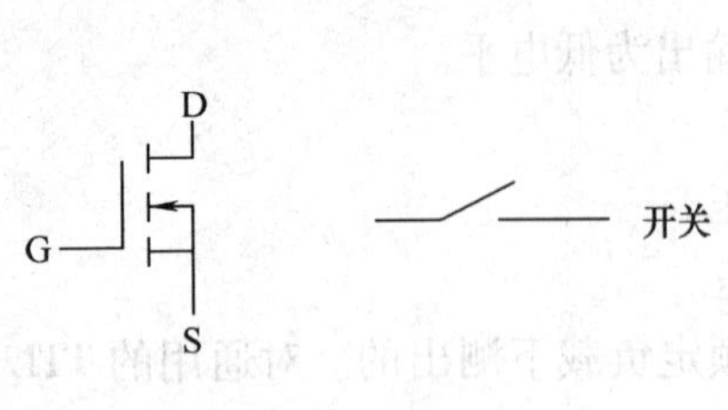

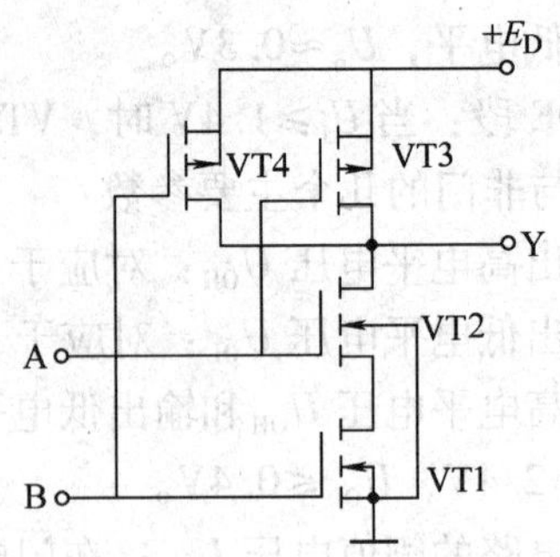

图 1-21　NMOS 场效应晶体管和等效开关电路

图 1-22　CMOS 与非门

2）工作原理：当输入信号 A 和 B 中有一个为低电平时，由于 VT1 与 VT2 串联，这两只驱动管仍不导通，而负载管中有一个导通，因此输出端 Y 为高电平。当输入信号 A 和 B 同时为高电平时，VT1、VT2 同时导通，VT3、VT4 截止，这时输出端 Y 为低电平，而且输出电阻为两个驱动管导通电阻之和。因此，图 1-22 所示电路具有"与非"逻辑功能，即 $Y=\overline{AB}$。

3. 或非门

集成或非门 CD4001，它是 2 输入四或非门，外形如图 1-23 所示，引脚排列如图 1-24 所示。

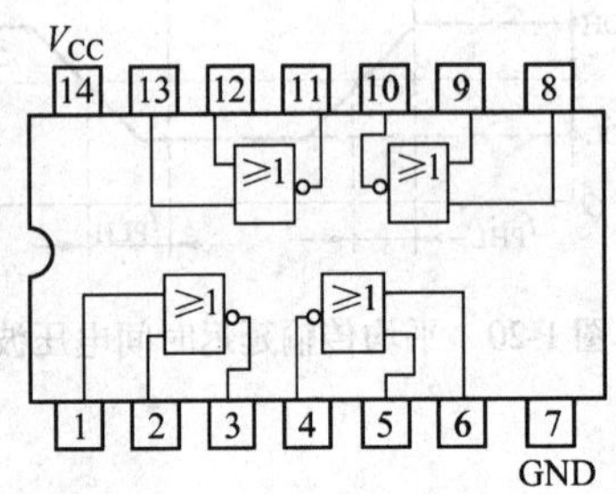

图 1-23　或非门 CD4001 的外形

图 1-24　CD4001 引脚排列（2 输入四或非门）

用规定的逻辑符号连接构成的图，称为逻辑图。

4. 集电极开路与非门（OC 门）

在实际使用中，为了扩大逻辑功能，有时需要将多个 TTL 与非门的输出端并联在一起，这样能实现输出端相与功能。这种靠线的连接构成与功能的方式称为线与连接。如图 1-25a 所示，$Y=Y_1\cdot Y_2$，即 Y_1 或 Y_2 为低电平时，Y 为低电平；Y_1 和 Y_2 都是高电平时，Y 才是高电平。

一般 TTL 电路是不能连接成线与连接方式的，这是因为 TTL 电路输出的电阻很小。如图 1-25b 所示，如果 Y_1 输出高电平，而 Y_2 输出低电平，则将有一个很大的电流从截止门

G1 的晶体 VT1 流入饱和门 G2 的晶体管 VT4，VT4 将被烧坏。为了克服 TTL 电路不能接成线与连接方式的缺点，可以采用集电极开路与非门（OC 门）来解决问题，如图 1-28 所示。

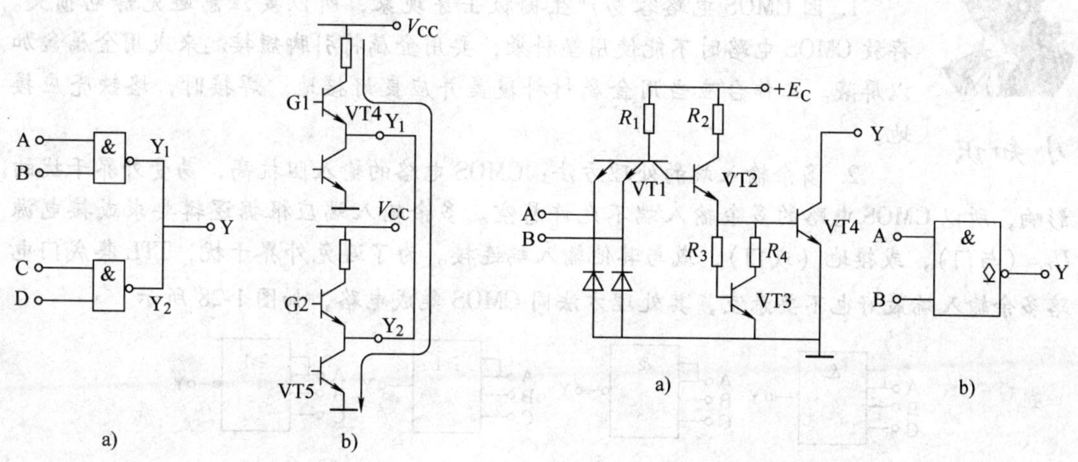

图 1-25　与非门的线与连接
a）线与连接　b）电流分析

图 1-26　集电极开路与非门（OC 门）
a）电路　b）逻辑符号

（1）OC 门的结构和逻辑符号　如图 1-26a 所示，由于输出管 VT4 悬空，所以把这种电路称为集电极开路与非门（OC 门），可用图 1-26b 所示的逻辑符号表示。

（2）OC 门的使用　在使用单个 OC 门时，应在输出端与电源端接外接电阻 R，如图 1-27a，这时仍为与非逻辑关系（$Y=\overline{AB}$）。

在使用多个 OC 门时，可将它们并联使用，共用一个外接电阻 R，这时电路起到线与逻辑关系，如图 1-27b 所示。

$$Y = Y_1 Y_2 Y_3 = \overline{AB}\,\overline{CD}\,\overline{EF}$$

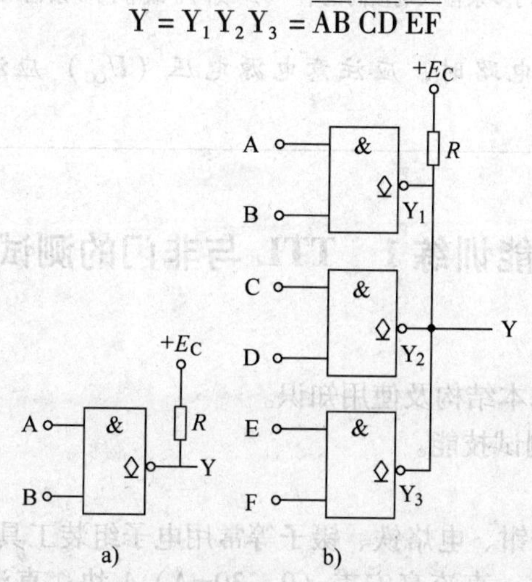

图 1-27　OC 门的使用
a）单个使用　b）多个使用

小知识

TTL、CMOS集成电路使用注意事项

1. 因CMOS电路容易产生栅极击穿现象，所以要注意避免静电损失。存放CMOS电路时不能使用塑料袋，要用金属将引脚短接起来或用金属盒加以屏蔽。工作台应当用金属材料覆盖并应良好接地。焊接时，烙铁壳应接地。

2. 多余输入端的处理方法：CMOS电路的输入阻抗高，易受外界干扰的影响，所以CMOS电路的多余输入端不允许悬空。多余输入端应根据逻辑要求或接电源 U_{CC}（与门），或接地（或门），或与其他输入端连接。为了避免外界干扰，TTL集成门电路多余输入端最好也不要悬空，其处理方法同CMOS集成电路，如图1-28所示。

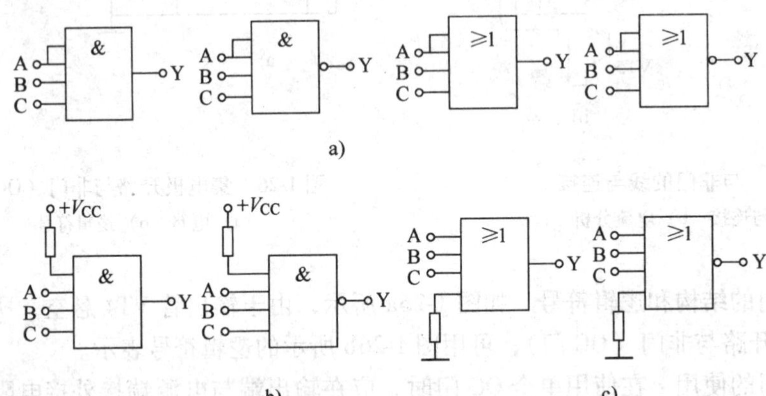

图1-28　集成逻辑门多余输入端的处理

a）与门、与非门、或门、或非门多余输入端与其他输入端相接

b）与门、与非门多余输入端接高电平　c）或门、或非门多余输入端接低电平

3. 在使用TTL集成门电路时，应注意电源电压（U_{CC}）应满足在标准值5V（1±10%）的范围内。

技能训练1　TTL与非门的测试

一、训练目的

1. 熟悉常用门电路的基本结构及使用知识。
2. 掌握TTL与非门的测试技能。

二、训练器材

（1）工具及仪表　电子钳、电烙铁、镊子等常用电子组装工具1套，焊锡若干；+15V稳压电源1台、万用表1块，直流毫安表（0~30mA）1块；直流微安表（0~130μA）1块；电子管直流电压表1块；数字频率计或示波器1台。

（2）元器件　TTL与非门CT1000、或CT2000或CT4000。

三、训练内容及步骤

1. 配齐元器件并进行测试

2. 测试 TTL 与非门逻辑的功能

（1）电路连接 按图 1-29 所示电路接线，把门电路输入端 A、B、C 分别接开关，D 端悬空，输出端 Y 接电压表或发光二极管指示电路。

发光二极管的指示电路如图 1-30 所示，其中与非门作非门使用，它是发光二极管的驱动门，Z 为被测信号输入端。通过发光二极管的发光情况来判断 Z 端输入是低电平还是高电平。

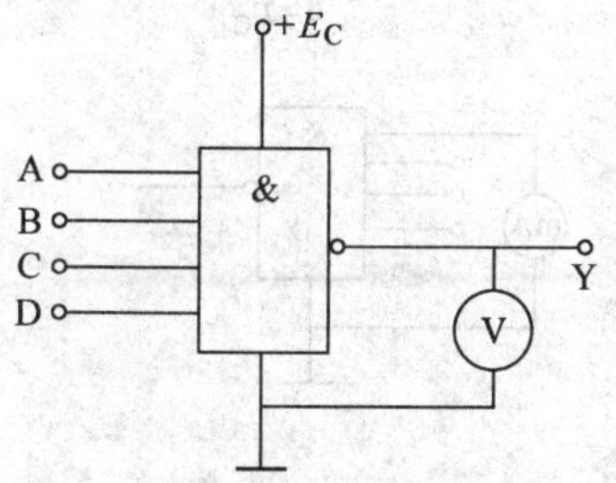

图 1-29 逻辑功能的测试电路

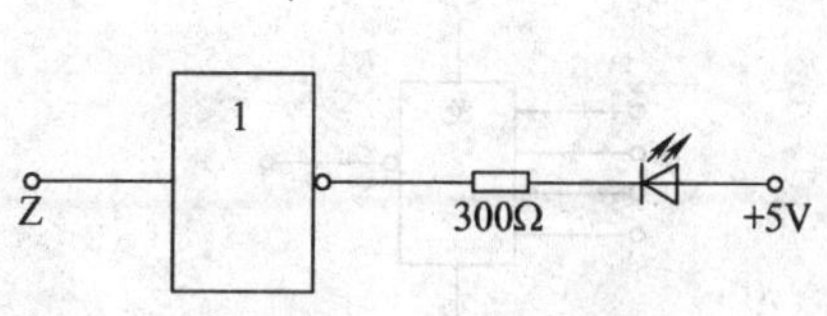

图 1-30 发光二极管指示电路

（2）功能测试 按照表 1-8 的要求，改变输入端 A、B、C 的逻辑电平，分别测出输出端电平值，并判别其逻辑状态，填入表中。

3. 测试 TTL 与非门的电压传输特性

（1）电路连接 按图 1-31 所示电路进行接线。

表 1-8 测试数据记录

输入端			输出端
A	B	C	Y/V
0	0	0	
0	0	1	
0	1	0	
0	1	1	
1	0	0	
1	0	1	
1	1	0	
1	1	1	

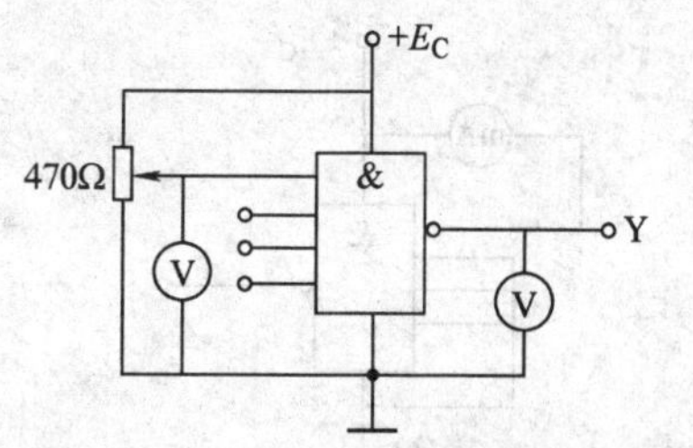

图 1-31 电压传输特性测试电路

（2）特性测试 利用电位器调节被测输入端的输入电压，按表 1-9 的要求逐点测量相应的输出电压，把结果记入表中。

表 1-9 测试数据记录

V_i/V	0.3	1.0	1.2	1.3	1.35	1.4	1.5	1.7	2.0	2.4
V_o/V										

根据测试数据作出电压传输特性曲线，并从特性曲线上读出 V_{OH}、V_{OL}、V_{ON}、V_{OFF} 等主要参数。

4. 测试 TTL 与非门的主要参数

（1）导通电源电流 I_{CCL} 的测试　按图 1-32 所示电路接线，把全部输入端悬空，输出端空载，从电流表上读出 I_{CCL} 的值。

（2）输入短路电流 I_{IS} 的测试　按图 1-33 所示电路接线，被测输入端通过电流表接地，其余输入端悬空，输出端空载，从电流表上读出 I_{IS} 的值。

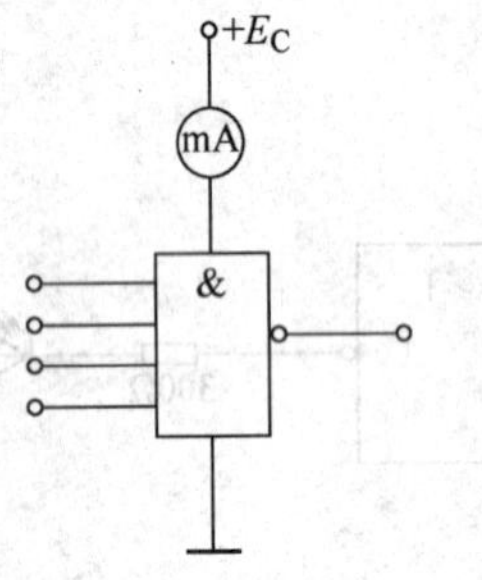

图 1-32　I_{CCL} 的测试电路

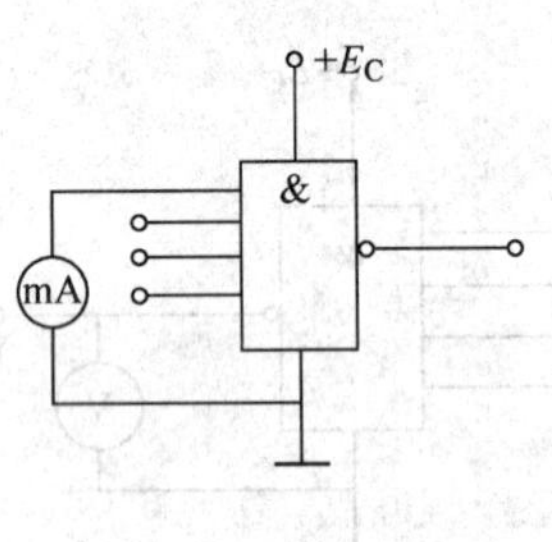

图 1-33　I_{IS} 的测试电路

（3）输入高电平电流 I_{IH} 的测试　按图 1-34 所示电路接线，将被测输入端通过电流表接电源，其余输入端接地，输出端空载，从电流表上读出 I_{IH} 的值。

（4）开门电平 V_{ON} 的测试　按图 1-35 所示电路接线，输出端带负载 R_L，通常取 R_L = 380Ω。将输入电平从 0V 逐渐增大，观察输出电压 V_O，当 V_O 下降到 0.45V 时，读取输入电平 V_{ON} 的值。

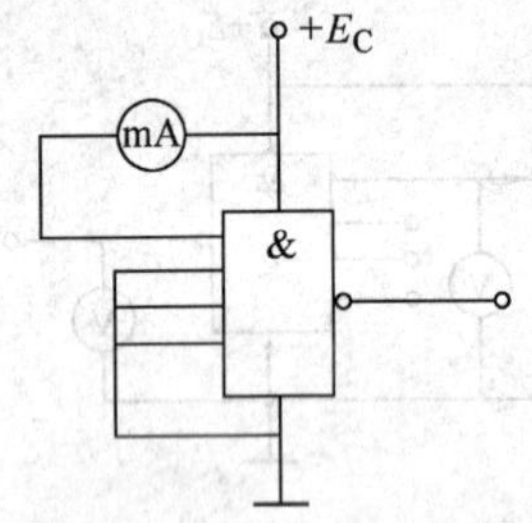

图 1-34　I_{IH} 的测试电路

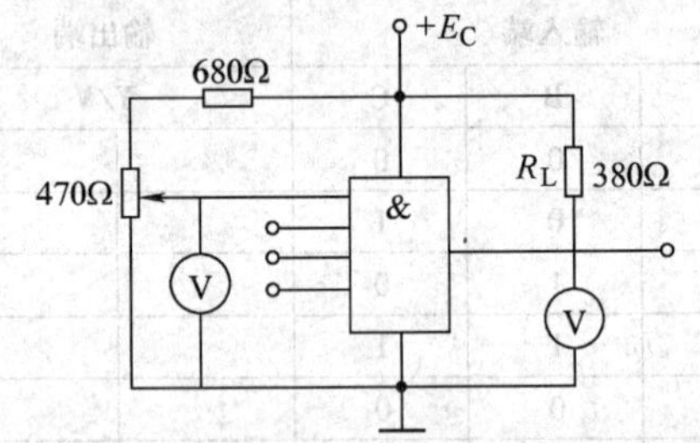

图 1-35　V_{ON} 的测试电路

（5）关门电平 V_{OFF} 的测试　按图 1-36 所示电路接线，使输出端空载，输入电平从高向低调节，观察输出电压 V_O，当 V_O 上升到 2.4V 时，读取输入电平值 V_{OFF} 的值。

（6）输出低电平 V_{OL} 的测试　测试输出低电平 V_{OL} 的电路与图 1-35 相同，仍取 R_L = 380。调节输入电平，使其为 1.8V 时，读取输出电平值 V_{OL} 的值。

（7）输出高电平 V_{OH} 的测试　按图 1-37 所示电路接线，使输出端空载，输入端中至少有一个接地，读得输出电平值为 V_{OH} 的值。

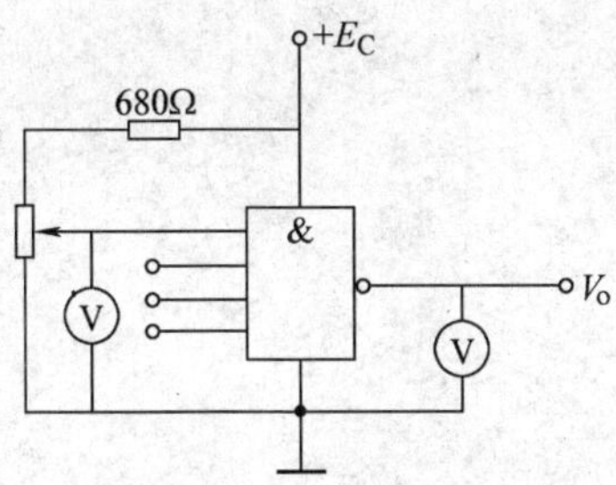

图 1-36　V_{OFF}的测试电路

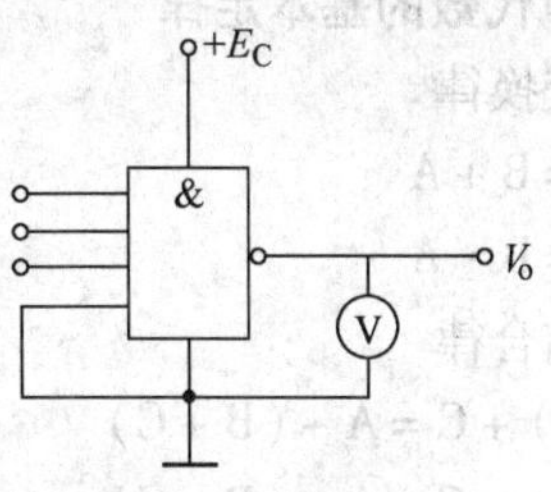

图 1-37　V_{OH}的测试电路

（8）扇出系数 N_O 的测试　按图 1-38 所示电路接线，所有输入端悬空，负载电阻为可变电阻，最大阻值为 1kΩ。调节可变电阻值，使其逐渐减小，直到输出电平值为 0.35V 时，读出电流表的读数值 I_L。

根据计算公式算出 N_O 的值，即

$$N_O = I_L / I_{IS}$$

（9）平均传输延迟时间 t_{pd}的测试　测试平均传输延迟时间 t_{pd}时，可将 3 个 TTL 与非门输入、输出首尾相接构成环形振荡器，如图 1-39 所示。用数字频率计或示波器测出振荡频率，根据该电路的振荡周期和门电路平均传输延迟时间的关系式可计算出门电路的 t_{pd}值，$t_{pd} = T/6$。

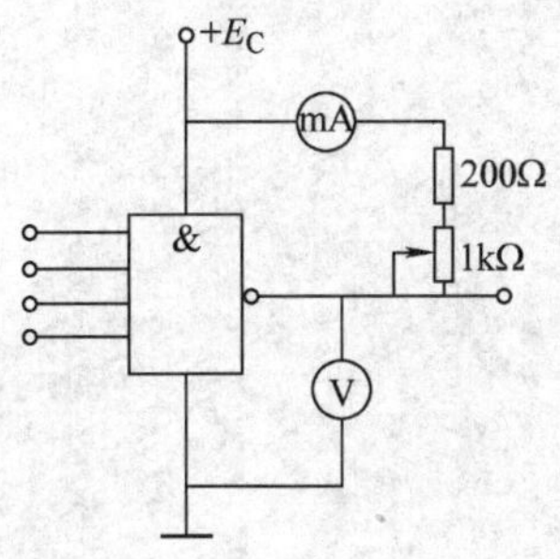

图 1-38　N_O 的测试电路

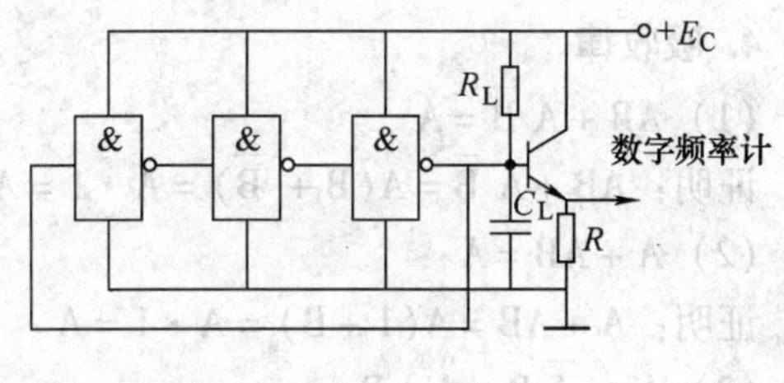

图 1-39　三门环形振荡器

第二节　逻 辑 代 数

一、逻辑代数的基本运算规则和定律

1. 基本逻辑运算规则

常用基本逻辑运算规则见表 1-10。

表 1-10　常用基本逻辑运算规则

$A+0=A$	$A+A=A$	$A\cdot 0=0$	$A\cdot A=A$	
$A+1=1$	$A+\overline{A}=1$	$A\cdot 1=A$	$A\cdot \overline{A}=0$	$\overline{\overline{A}}=A$

2. 逻辑代数的基本定律

(1) 交换律

$A+B=B+A$

$A\cdot B=B\cdot A$

(2) 结合律

$(A+B)+C=A+(B+C)$

$(A\cdot B)\cdot C=A\cdot(B\cdot C)$

(3) 分配律

$A\cdot(B+C)=A\cdot B+A\cdot C$

$A+B\cdot C=(A+B)\cdot(A+C)$

证明：$(A+B)\cdot(A+C)=AA+AC+AB+BC=(A+AC+AB)+BC=A+BC$

同理，上式三定律用真值表可以得到证明。

3. 反演律（摩根定律）

$\overline{A+B}=\overline{A}\cdot\overline{B}$

$\overline{A\cdot B}=\overline{A}+\overline{B}$

以上公式可以通过真值表证明。

公式可推广到多变量：

$\overline{ABC\cdots}=\overline{A}+\overline{B}+\overline{C}$

$\overline{A+B+C\cdots}=\overline{A}\cdot\overline{B}\cdot\overline{C}$

4. 吸收律

(1) $AB+A\overline{B}=A$

证明：$AB+A\overline{B}=A(B+\overline{B})=A\cdot 1=A$

(2) $A+AB=A$

证明：$A+AB=A(1+B)=A\cdot 1=A$

(3) $A+\overline{A}B=A+B$

证明：$A+\overline{A}B=A+AB+\overline{A}B=A+(A+\overline{A})B=A+1\cdot B=A+B$

(4) $AB+\overline{A}C+BC=AB+\overline{A}C$

证明：
$$\begin{aligned}AB+\overline{A}C+BC&=AB+\overline{A}C+(A+\overline{A})BC\\&=AB+\overline{A}C+ABC+\overline{A}BC\\&=AB(1+C)+\overline{A}C(1+B)\\&=AB\cdot 1+\overline{A}C\cdot 1=AB+\overline{A}C\end{aligned}$$

逻辑代数中的基本公式只反映了变量之间的逻辑关系，而不是数量关系。在运算中不能把初等代数的其他运算规律套用到逻辑代数中。例如，等式两边不允许移项，因为逻辑代数中没有减法和除法。在进行逻辑运算时，按先算括号、再算乘积、最后算加法的顺序进行，与普通代数是一样的。

二、逻辑函数的化简

逻辑表达式的形式可以有多个不同的表达式，如将这些式子分类，主要有与或表达式、或与表达式、与非—与非表达式、或非—或非表达式、与或非表达式等，这就说明，同一个逻辑函数可以有很多表达式，它们的繁简不同，实现它们的逻辑电路也就有繁简之分。

对于一个逻辑函数而言，如果表达式是最简式，那么实现这个逻辑表达式的电路所需要的元件就是最少，从而功耗小、可靠性提高。所以，对于一个逻辑电路，化简表达式得到最简式是十分重要的。

在逻辑函数的几种表达式中，与或表达式最常用，也容易转换成其他的表达式，因此，下面我们着重讨论最简的与或表达式。

最简的与或表达式的条件是：在不改变逻辑关系的情况下，首先乘积项的个数最少，在此前提下，其次是每一个乘积项中变量的个数最少。

（1）并项法　利用公式 $AB+A\overline{B}=A$ 将两个乘积项合并为一项，合并后消去一个互补的变量。

例如：$A\overline{B}C+A\overline{B}\,\overline{C}=A\overline{B}(C+\overline{C})=A\overline{B}$

（2）吸收法　利用公式 $A+AB=A$ 吸收多余的乘积项

例如：$\overline{A}B+\overline{A}BC=\overline{A}B$

（3）消去法　利用公式 $A+\overline{A}B=A+B$ 消去多余的因子。

例如：$\overline{A}+AC+B\overline{C}D=\overline{A}+C+B\overline{C}D=\overline{A}+C+BD$

（4）配项法　利用 $A=A(B+\overline{B})$ 可将某项拆成两项，然后再用上述方法进行化简。

例如：

$$
\begin{aligned}
Y&=A\overline{B}+B\overline{C}+\overline{B}C+\overline{A}B\\
&=A\overline{B}(C+\overline{C})+(A+\overline{A})B\overline{C}+\overline{B}C+\overline{A}B\\
&=A\overline{B}C+A\overline{B}\,\overline{C}+AB\overline{C}+\overline{A}B\overline{C}+\overline{B}C+\overline{A}B\\
&=(A+1)\overline{B}C+A\overline{C}(\overline{B}+B)+\overline{A}B(\overline{C}+1)\\
&=\overline{B}C+A\overline{C}+\overline{A}B
\end{aligned}
$$

如果采用（$A+\overline{A}$）去乘 $\overline{B}C$，用（$C+\overline{C}$）去乘 $\overline{A}B$，然后化简，则得：

$$Y=A\overline{B}+B\overline{C}+\overline{A}C$$

可见，经代数法化简得到的最简与或表达式，有时不是唯一的，实际解题，往往遇到比较复杂的逻辑函数，因此必须综合运用基本公式和常用公式，才能得到最简的结果。

例 1　化简 $Y=\overline{A}\,\overline{B}+\overline{A}CD+AC+B\overline{C}+AB$

解

$$
\begin{aligned}
Y&=\overline{A}\,\overline{B}+\overline{A}CD+AC+B\overline{C}\\
&=\overline{A}\,\overline{B}+C(\overline{A}D+A)+B\overline{C}\\
&=\overline{A}\,\overline{B}+C(A+D)+B\overline{C}\\
&=\overline{A}\,\overline{B}+AC+CD+B\overline{C}
\end{aligned}
$$

例 2　化简 $Y=\overline{A}B+\overline{A}C+\overline{BC}+AD+BDEF$

解

$$
\begin{aligned}
Y&=\overline{A}B+\overline{A}C+\overline{B}+\overline{C}+AD+BDEF\\
&=\overline{A}+\overline{B}+\overline{A}C+\overline{C}+AD+BDEF\\
&=\overline{A}+\overline{B}+\overline{C}+AD+BDEF\\
&=\overline{A}+\overline{B}+\overline{C}+D+BDEF\\
&=\overline{A}+\overline{B}+\overline{C}+D
\end{aligned}
$$

怎样实现与非表达式与或非表达式的转换？为什么在实际工作中将与或表达式变成与非表达式？

技能训练2　数字比较器电路的安装与测试

一、训练目的

1. 熟悉常用门电路的结构及使用知识。

2. 掌握门电路的安装和测试技能。

二、训练器材

（1）工具及仪表　电子钳、电烙铁、镊子等常用电子组装工具1套，焊锡若干；+15V稳压电源1台、万用表1块。

（2）元器件　元器件明细见表1-11。

表1-11　元器件明细

代号	名称	型号	数量
VL1	红发光二极管		1
VL3	绿发光二极管		1
VL2	黄发光二极管		1
IC1	六反相器	CD4069	2
IC2	2输入四与门	CD4081	2
IC3	8输入或非/或门	CD4078	1
IC4	OC门	ULN2003AN	3
	集成电路插座	16脚	1
	集成电路插座	14脚	3
S1、S2	按钮		2
$R_1 \sim R_4$	电阻器	473Ω	4
$R_5 \sim R_7$	电阻器	273Ω	3
$R_8 \sim R_{10}$	电阻器	272Ω	3
C_1、C_2	电容器	0.01μF	2
	印制试验板	14×14（焊点数）	1

（3）电路　图1-40所示为一位数字比较器电路。

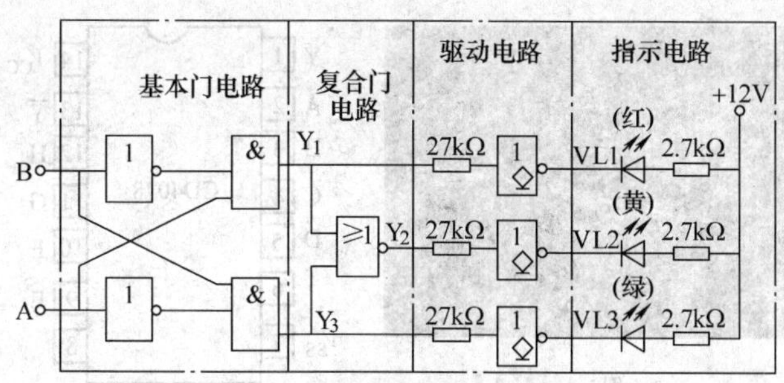

图 1-40　一位数字比较器电路

三、训练内容及步骤

1. 元器件测试

根据表 1-11 配齐元器件，并对元器件的性能进行测试。

（1）集成电路　三种集成电路块的外形和引脚排列如图 1-41 ~ 图 1-43 所示。

（2）集成电路插座　训练中所用的 16 脚和 14 脚集成电路插座的外形如图 1-44 所示。

a)

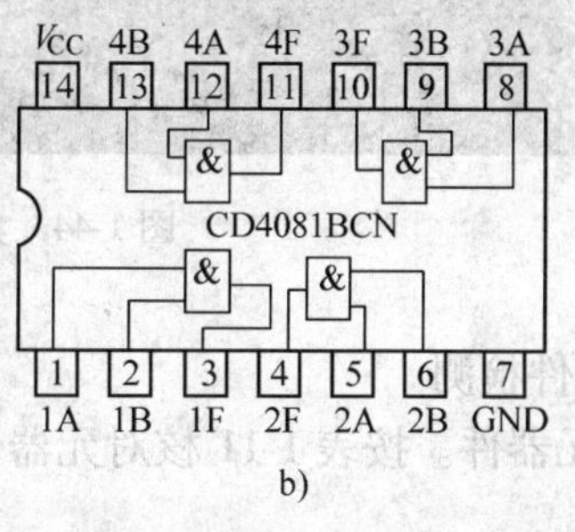

b)

图 1-41　CD4081BCN

a）外形　b）引脚排列

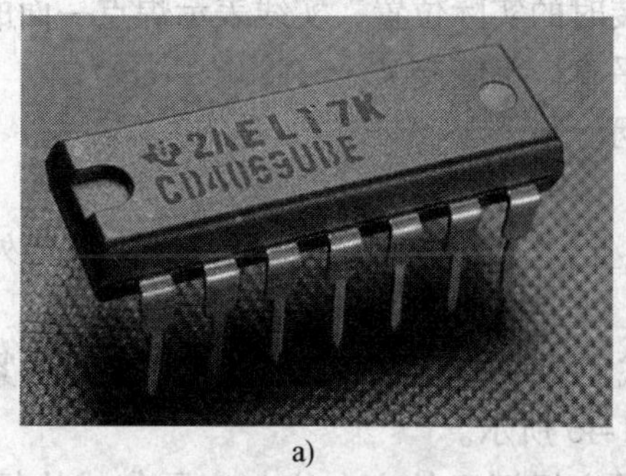

a)

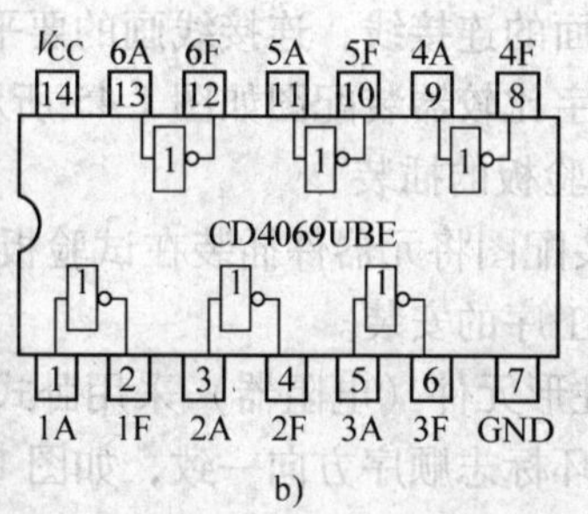

b)

图 1-42　CD4069UBE

a）外形　b）引脚排列

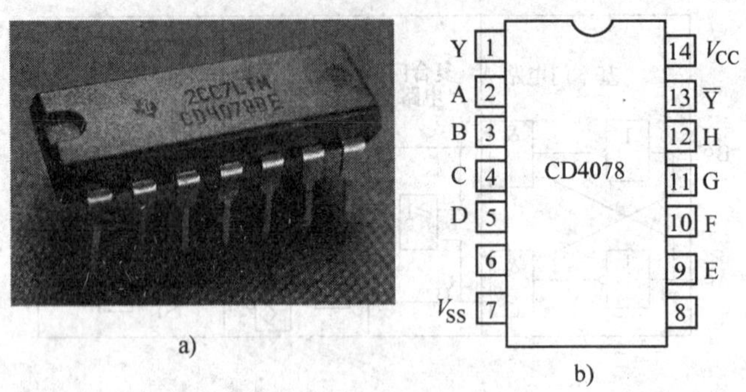

a) b)

图 1-43 CD4078BE

a）外形 b）引脚排列

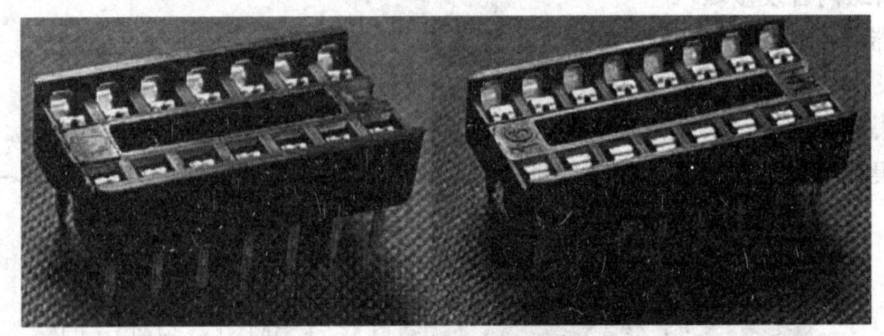

图 1-44 集成电路插座的外形

（3）元器件检测

1）清点元器件。按表 1-11 核对元器件的数量、型号和规格，如有短缺、差错应及时补缺和更换。

2）用万用表电阻挡对元器件进行检测，对不符合质量要求的元器件剔除并更换。

2. 装配电路

（1）画出装配图 根据电路图正确进行安装图的设计，可以两面布线，以焊点一面为主，图中焊点、连接线、元器件都是安装时的实际位置，实线表示焊点一面的连接线，虚线表示元件一面的连接线，连接线画的要平直，不能交叉。

一位数字比较器装配图如图 1-45 所示。

（2）试验板的插装

1）按装配图将元器件插装在试验板上，安装原则是先低后高，先里后外，上道工序不得影响下道工序的安装。

2）圆柱形元件（电阻器）采用卧式安装时应占用四个焊盘，要求元件紧贴板面，色标法电阻的色环标志顺序方向一致，如图 1-46 所示。

3）集成电路应安装相应的插座，插座标记口的方向应与实际集成块标记口的方向一致。将集成电路插入插座时，应避免插反及引脚未完全插入等现象。

4）发光二极管占用两个焊盘，要求引脚高度与集成电路插座高度相等，如图 1-47 所示。

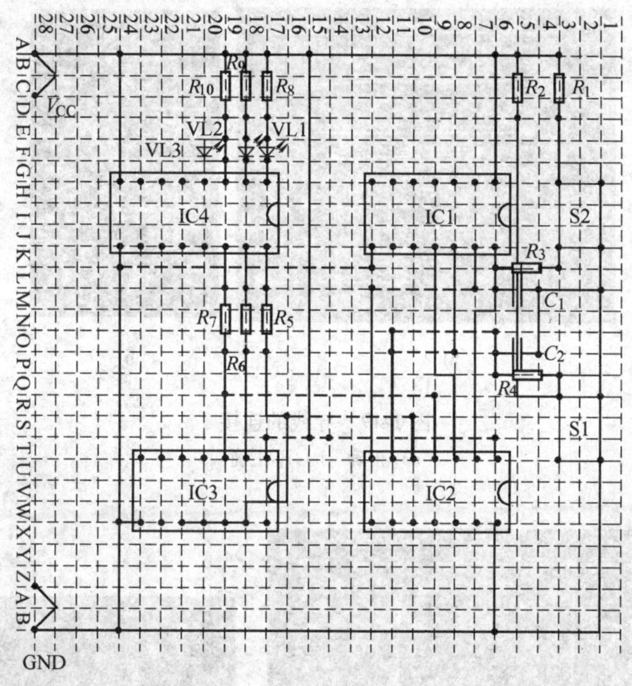

图 1-45　一位数字比较器装配图

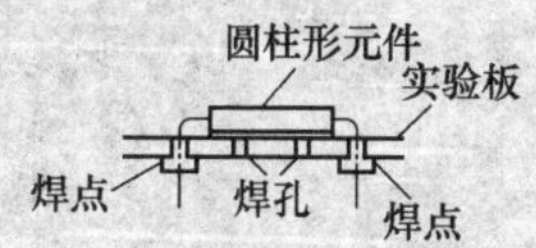

图 1-46　圆柱形元件的卧式安装

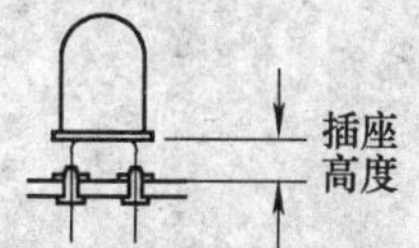

图 1-47　发光二极管的安装

5）电容器占用两个焊盘，引脚高度约为 3mm，如图 1-48 所示。

（3）焊接　导线连线在焊点面上拐弯时，应采用直角形状，且直角处用焊点固定，如图 1-49 所示。同时，要求所有焊点均采用直脚焊，并焊后剪去多余的引脚。焊接面如图 1-50 所示，安装好的电路板如图 1-51 所示。

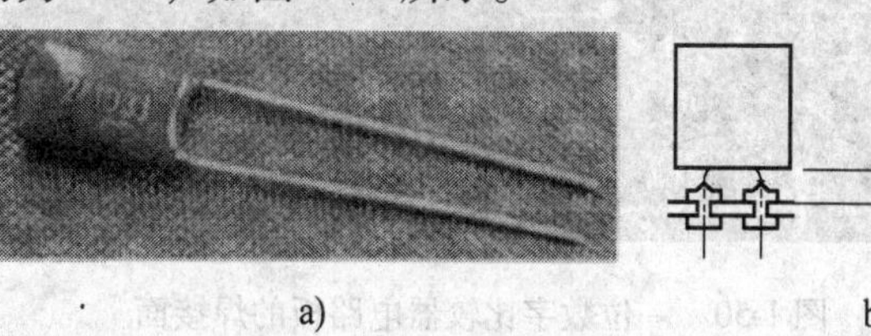

图 1-48　电容器外形及其安装

a）外形　b）安装

3. 电路测试

一位数字比较器的测试电路如图 1-52 所示。

1）电路安装完毕后，对照测试电路图和装配图进行检查，仔细检查电路是否安装正确及导线、焊点是否符合要求，检查有极性器件是否安装连接正确。

2）通电前用万用表 $R\times1$ 挡测电源与大地间的电阻。若发现短路，应进行检查，排除短路点。

3）确认无误后，按集成电路标记口的方向插上集成电路，然后通电测试，如图 1-52 所示。

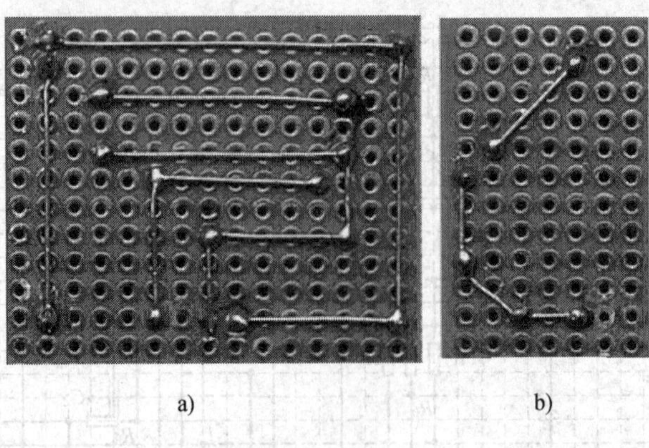

图 1-49 导线的连接

a）正确 b）不正确

图 1-50 一位数字比较器电路板的焊接面

图 1-51 安装好的电路板

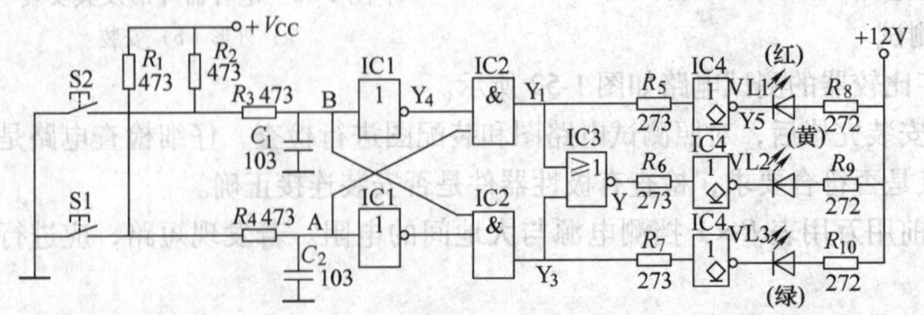

图 1-52 一位数字比较器的测试电路

具体测试要求为：设S1、S2按下时为“0”，未按下时为“1”，按表1-12分别设置S1、S2的状态，并用万用表分别测量A、B、Y1、Y2、Y3、Y4、Y5等点的电位，将测量值填入表中；并观察记录三只发光二极管的状态。

表1-12　测试数据记录

S1	S2	V_A	V_B	V_{Y4}	V_{Y5}	V_{Y1}	V_{Y2}	V_{Y3}	发光二极管状态		
									VL1	VL2	VL3
0	0										
0	1										
1	0										
1	1										

4）完成测试记录，并分析测量结果：

①分析 V_B 和 V_{Y4} 之间的关系，列出相应的真值表。

②分析 V_A、V_B 和 V_{Y1} 之间的关系，列出相应的真值表。

③分析 V_{Y1}、V_{Y3} 和 V_{Y2} 之间的关系，列出相应的真值表。

④分析 V_{Y1} 和 V_{Y5} 之间的关系，列出相应的真值表。

⑤分析 V_A、V_B 和 V_{Y1}、V_{Y2}、V_{Y3} 及发光二极管状态间的关系，列出相应的真值表。

4. 现场整理

注意事项：

1）焊接元器件时，应严格按照焊接工艺进行。

2）测试工作结束后，应先断开电源开关，再拆除电源及连接导线。

第三节　组合逻辑电路的分析与设计

一、组合逻辑电路的分析

组合逻辑电路分析的步骤：

1）根据组合逻辑电路的逻辑图，逐级写出逻辑函数表达式。

2）对表达式进行化简或变换，以得到最简的函数表达式。

3）根据最简的函数表达式，列出真值表。

4）分析真值表确定电路的逻辑功能。

例3　分析图1-53所示电路的逻辑功能。

解　（1）由逻辑图写出逻辑函数表达式　从输入端到输出端，依次写出各个门的逻辑函数表达式，最后写出输出变量Y的逻辑函数表达式为

G1门：$Y_0=\overline{AB}$

G2门：$Y_1=\overline{AY_0}=\overline{A\cdot\overline{AB}}$

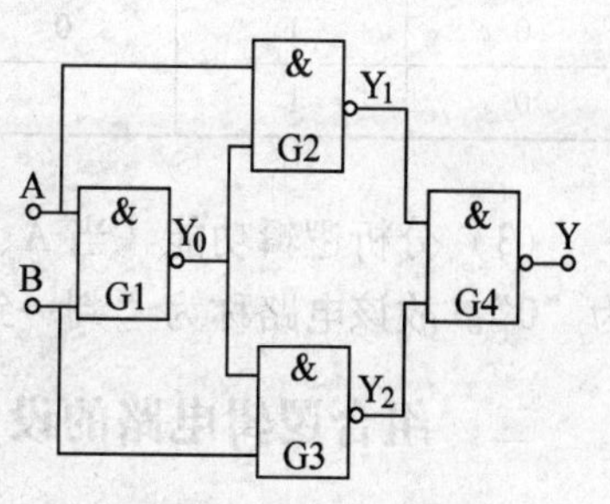

图1-53　例3逻辑电路

G3 门：$Y_2=\overline{BY_0}=\overline{B\cdot\overline{AB}}$

G4 门：$Y=\overline{Y_1Y_2}=\overline{\overline{A\cdot\overline{AB}}\cdot\overline{B\cdot\overline{AB}}}$

$=\overline{\overline{A\cdot\overline{AB}}}+\overline{\overline{B\cdot\overline{AB}}}$

$=A\cdot\overline{AB}+B\cdot\overline{AB}=A(\overline{A}+\overline{B})+B(\overline{A}+\overline{B})$

$=A\,\overline{A}+A\,\overline{B}+B\,\overline{A}+B\,\overline{B}$

$=A\,\overline{B}+B\,\overline{A}$

（2）分析逻辑功能　当输入端 A 和 B 不是同为“1”或“0”时，输出为“1”；否则，输出为“0”。这种电路称为“异或”门电路。

将“异或”门取反，即“异或非”门电路称为“同或门”，其图形符号如图 1-54 所示。逻辑函数表达式写成 $Y=\overline{A\,\overline{B}+B\,\overline{A}}=A\odot B$。

例 4　某一组合逻辑电路如图 1-55 所示，试分析其逻辑功能。

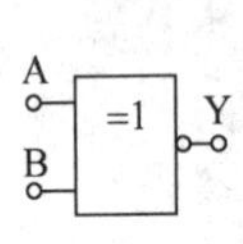

图 1-54 “异或非”门的图形符号

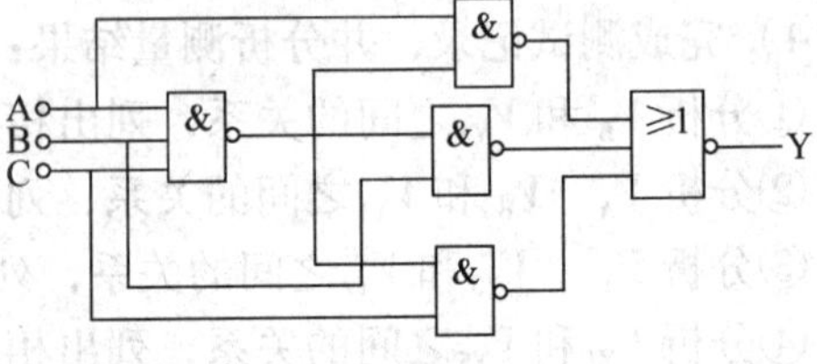

图 1-55　例 4 逻辑电路

解　（1）由逻辑图写出逻辑函数表达式

$Y=\overline{\overline{ABC}\cdot A+\overline{ABC}\cdot B+\overline{ABC}\cdot C}$

$=\overline{\overline{ABC}(A+B+C)}$

$=\overline{\overline{ABC}}+\overline{(A+B+C)}$

$=ABC+\overline{A}\,\overline{B}\,\overline{C}$

（2）列出真值表　由逻辑函数表达式列出真值表见表 1-13。

表 1-13　例 4 逻辑电路真值表

A	B	C	Y	A	B	C	Y
0	0	0	1	1	0	0	0
0	0	1	0	1	0	1	0
0	1	0	0	1	1	0	0
0	1	1	0	1	1	1	1

（3）分析逻辑功能　当 A、B、C 全为“0”或全为“1”时，输出 Y 才为“1”，否则为“0”。故该电路称为“判一致电路”，可用于判断 3 个输入端的状态是否一致。

二、组合逻辑电路的设计

1）对实际问题进行分析，确定在所提出的问题中，什么是输入逻辑变量，什么是输出函数，并分析变量间的逻辑关系。即把一个实际问题归结为一个逻辑问题，合理地设置变量，列出真值表。

2）将函数表达式化简，得到最简的逻辑函数表达式或所要求的某种形式的表达式。

3）根据最简的逻辑函数表达式画出逻辑电路图。

例5　试设计一逻辑电路供三人（A，B，C）表决使用。每人有一按键，如果他赞成，就按下该键，表示“1”；如果不赞成，不按键，表示“0”。表决结果用指示灯来表示，如果多数赞成，则指示灯亮，即 Y = 1；反之则不亮，Y = 0。试用“与非”门来构成该逻辑电路。

解　（1）由题意列出逻辑状态表　共有 8 种组合，Y = 1 的只有四种。该表决电路的逻辑状态见表 1-14。

（2）化简逻辑函数表达式

$$
\begin{aligned}
Y &= \overline{A}BC + A\overline{B}C + AB\overline{C} + ABC \\
&= \overline{A}BC + A\overline{B}C + AB(\overline{C} + C) \\
&= \overline{A}BC + A\overline{B}C + AB \\
&= \overline{A}BC + A(\overline{B}C + B) \\
&= \overline{A}BC + A(C + B) \\
&= (\overline{A}B + A)C + AB \\
&= (B + A)C + AB \\
&= AB + BC + CA
\end{aligned}
$$

（3）由逻辑函数表达式画出逻辑图

$$Y = AB + BC + CA = \overline{\overline{AB + BC + CA}} = \overline{\overline{AB} \cdot \overline{BC} \cdot \overline{CA}}$$

由此可画出逻辑图，如图 1-56 所示。

表 1-14　表决电路的逻辑状态

A	B	C	Y
0	0	0	0
0	0	1	0
0	1	0	0
0	1	1	1
1	0	0	0
1	0	1	1
1	1	0	1
1	1	1	1

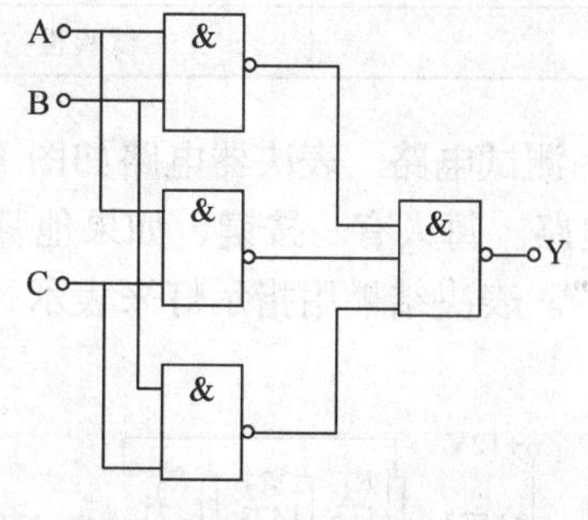

图 1-56　例 5 逻辑电路

想一想

在例 5 中是怎样把与或关系变成与非关系的？你能总结出规律吗？

技能训练3 三人表决器电路的安装与测试

一、训练目的

1. 掌握分析与设计简单组合电路的技巧。

2. 掌握简单组合电路的安装与测试技能。

二、训练器材

（1）工具及仪表　电子钳、电烙铁、镊子等常用电子组装工具1套；+15V稳压电源1台、万用表1块。

（2）元器件　元器件明细见表1-15。

表1-15　元器件明细

代号	名称	型号	数量
VD	红发光二极管		1
IC1、IC2	双四输入与非门	CD4012（见图1-58）	2
IC3	OC门	ULN2003AN	1
	集成电路插座	16脚	1
	集成电路插座	14脚	2
S1~S3	按钮		3
R_1~R_6	电阻器	47kΩ	6
R_7	电阻器	27kΩ	1
R_8	电阻器	2.7kΩ	1
C_1~C_3	电容器	0.01μF	3
	试验板		1

（3）测试电路　表决器电路如图1-57所示。它是一个可供三人（A，B，C）表决使用的逻辑电路。每人有一按键，如果他赞成，就按下该键，表示“1”；如果不赞成，不按键，表示“0”。表决结果用指示灯来表示，如果多数赞成，则指示灯亮，Y=1；反之则不亮，Y=0。

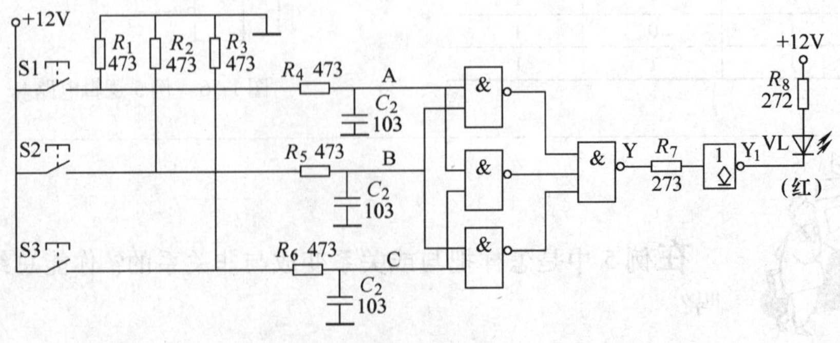

图1-57　表决器电路

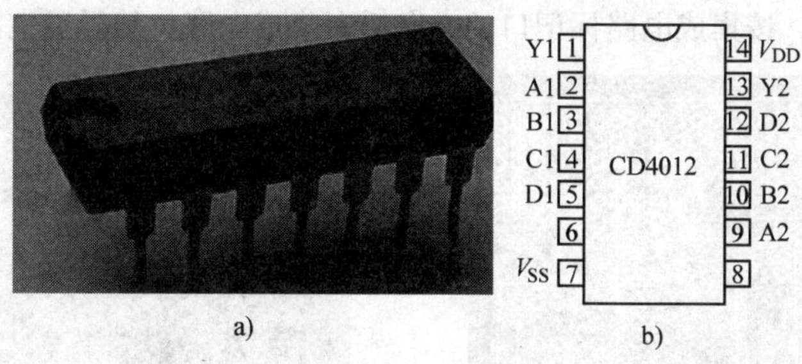

图 1-58　CD4012 的外形

a）外形　b）引脚排列

三、训练内容及步骤

1. 根据表 1-15 配齐元器件，并对元器件进行测试

用万用表电阻挡对元器件进行检测，对不符合质量要求的元器件必须剔除并更换。

2. 装配电路

（1）画出装配图　根据电路图正确进行安装图的设计，可以两面布线，以焊点一面为主，图中焊点、连接线、元器件都是安装时的实际位置，实线表示焊点一面的连接线，虚线表示元件一面的连接线，连接线画的要平直，不能交叉。装配图如图 1-59 所示。

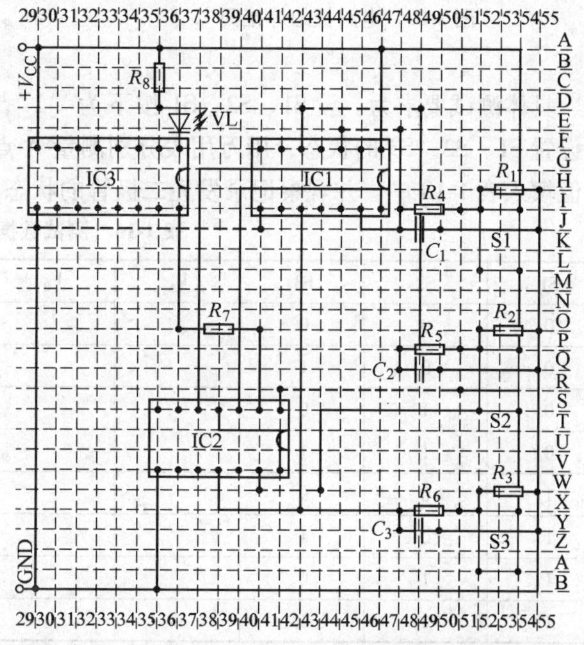

图 1-59　三人表决电路装配图

（2）试验板的插装与焊接

1）色标法电阻的色环标志顺序方向应保持一致。

2）集成电路应安装在相应插座上，插座标记口的方向应与实际集成块标记口的方向一致。将集成电路插入插座时，应避免插反及引脚未完全插入等现象。

3）发光二极管占用两个焊盘，要求引脚高度与集成电路插座高度相等。

4）电容器引脚高度约为 3mm。

（3）焊接　所有焊点均采用直脚焊，焊后剪去多余引脚。实际电路板的焊接面如图 1-60 所示。安装好的电路板如图 1-61 所示。

3. 测试步骤及要求

1）电路安装完毕后，对照测试电路图和装配图进行检查，仔细检查电路是否安装正确及导线、焊点是否符合要求，检查有极性器件是否安装连接正确。

2）用万用表检测电源是否有短路问题，若发现短路，应查找原因，排除短路点。

3）确认无误后，按集成电路标记口的方向插上集成电路，然后通电测试。

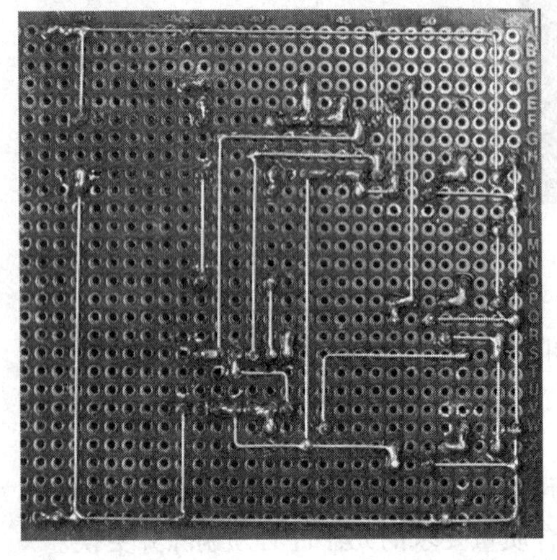

图 1-60　电路板的焊接面

图 1-61　安装好的电路板

具体测试要求为：设 S1、S2、S1 按下为“1”，未按下为“0”，按表 1-16 中的要求分别设置 S1、S2、S3 的状态，用万用表分别测量 A 点、B 点、C 点、Y1、Y 点的电位，将测量值填入表 1-13 中。并观察记录发光二极管的状态。

表 1-16　测试数据记录

S1	S2	S3	V_A	V_B	V_{Y1}	V_Y	发光二极管状态 VL
0	0	0					
0	0	1					
0	1	0					
0	1	1					
1	0	0					
1	0	1					
1	1	0					
1	1	1					

4）按测试要求完成测试过程，做好测试记录，并分析测量结果。

注意事项：

测试完毕后，应先断开电源开关，再拆除电源及其他连接导线。

第四节　加　法　器

加法器的功能是完成算术加法运算，在数字系统中，尤其是在计算机的数字系统中，二进制加法器是它的基本部件之一。

一、常用数制及其转换

1. 常用数制

在计数体制中，除了人们所熟知的十进制数之外，数字电路中还采用二进制数、八进制数和十六进制数等。

（1）十进制数　十进制数有十个不同的数码0、1、2…9。我们称它的基数为10。任何一个十进制数都可用这十个数码按一定规律排列起来表示。十进制的计数规律是“逢十进一”。

在一个十进制数中，每个数码位置不同时，它代表的数值也不同。例如，数4751可写成：

$4751=4\times10^3+7\times10^2+5\times10^1+1\times10^0$，4751右边第一位是个位（$10^0$），第二位是十位（$10^1$），第三位是百位（$10^2$），第四位是千位（$10^3$）。通常把$10^3$、$10^2$、$10^1$、$10^0$称为对应数位的权，它是表示数码在数中处于不同位置时其数值的大小。

（2）二进制数　二进制数只有二个数码：0和1，它的基数为2，计数规律是“逢二进一”。一个二进制数也可以按权位展开，例如：

$$1101=1\times2^3+1\times2^2+0\times2^1+1\times2^0$$

式中2^3、2^2、2^1、2^0就是对应数位的权。可见，四位二进制数的权分别为8、4、2、1。

（3）八进制数　进制数只有8个数码：0、1、2、3…7，它的基数为8，计数规律是“逢八进一”。

（4）十六进制数　采用二进制来表示数，通常位数很多、书写麻烦。例如，十进制数116写成二进制数为1110100。数越大，书写越长。所以，常采用十六进制数来表示二进制数。十进制数的表示也可推广到十六进制数。

十六进制数有十六个数码：0、1…9、A、B、C、D、E、F，它的基数为16，计数规律是“逢十六进一”。

2. 常用数制之间的转换

（1）二进制、八进制、十六进制数转换成十进制数　二进制、八进制、十六进制数转换成十进制数的方法是：按权位展开相加。在转换中，为了区分各种不同的进位制，通常在数的后面加上不同的字母，如用D表示十进制数（常省略不写），B表示二进制数，H表示十六进制数，O或Q表示八进制数等。

例6　将下列各进制数转换成十进制数。

① 110011B

② 423Q

③ 2ADH

解　① $110011B=1\times2^5+1\times2^4+1\times2^1+1\times2^0=51$

② $432Q=4\times8^2+2\times8^1+3\times8^0=275$

③ $2ADH=2\times16^2+10\times16^1+13\times16^0=685$

（2）十进制数转换成二进制数　十进制整数转换成二进制整数的方法是：连除2取余数。

例 7 将十进制数 29 转换成二进制数。

解

```
2|29  ……… 余1（低位）
2|14  ……… 余0
2|7   ……… 余1
2|3   ……… 余1
2|1   ……… 余1（高位）
  0
```

由此可得：29 = 11101B

注意，连除 2 时，最先得到的余数在最低位，而最后得到的余数在最高位，不能颠倒。不论余数为 0 或 1，都应写在该位占据的位置上。

（3）二进制数与八进制数、十六进制数的相互转换

1）二进制数与八进制数的相互转换。由于 $2^3 = 8$，所以，一位八进制数正好可以用三位二进制数来表示，它们之间的转换十分方便。

例 8 （1） 将二进制数 10011101110 转换为八进制。

（2） 将八进制数 271 转换为二进制。

解 （1）因为 010 011 101 110

↓ ↓ ↓ ↓

2 3 5 6

所以，10011101110B = 2356Q

（2）因为 2 7 1

↓ ↓ ↓

010 111 001

所以，271Q = 10111001B

2）二进制数与十六进制数的相互转换。由于 $2^4 = 16$，所以，一位十六进制数正好可以用四位二进制数来表示。

例 9 （1） 将二进制数 1110111001 转换为十六进制数。

（2） 将十六进制数 4B3C 转换为二进制数。

解（1）因为 0 011 1 011 1 001

↓ ↓ ↓

3 B 9

所以，1110111001B = 3B9H

（2）因为 4 B 3 C

↓ ↓ ↓ ↓

0100 1011 0011 1100

所以，4B3CH = 100101100111100B

十进制数转换成八进制数或十六进制数，可先将十进制数转换成二进制数，然后再转换

成八进制数或十六进制数。

二、半加器

半加器的特点是能够完成两个同位二进制相加，不考虑来自低位的进位信号。在多位二进制相加时，半加器只适用于最低一位的加法运算。因此，半加器只有两个输入端：被加数A和加数B。根据二进制加法运算规则，它也有两个输出端：本位相加和S及向高位进位的进位信号C。

根据二进制加法运算规则有：

0 + 0 = 0　0 + 1 = 1

1 + 0 = 1　1 + 1 = $\boxed{1}$ 0

其中"1 + 1"的计算结果是本位为0，同时向高位进1。半加器的真值表见表1-17。

表1-17　半加器的真值表

输入		输出	
A	B	S	C
0	0	0	0
0	1	1	0
1	0	1	0
1	1	0	1

根据真值表建立逻辑函数表达式，即

本位相加和：　$S=\overline{A}B+A\overline{B}$

进位信号：　$C=AB$

半加器可以用异或门和与门组成，逻辑电路如图1-62所示。

作为一个常用的基本运算单元，半加器的图形符号如图1-63所示。

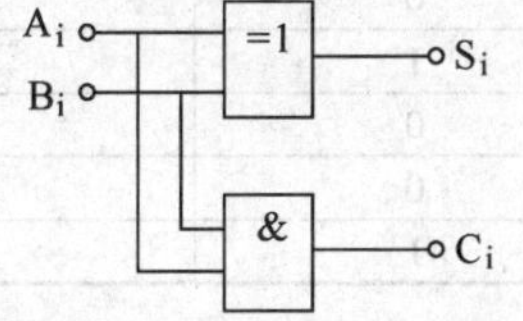

图1-62　半加器逻辑电路

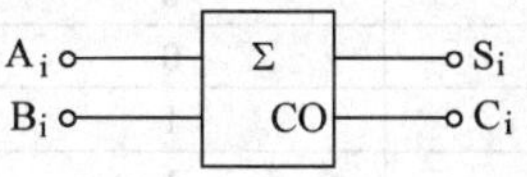

图1-63　半加器的图形符号

三、全加器

全加器的功能特点是考虑来自低位的进位信号，能够完成被加数、加数和进位数的三者相加。全加器有三个输入端，如果是第i位二进制数相加，则是被加数A_i、加数B_i和低位进位数C_{i-1}。全加器有两个输出端：本位相加和S_i及向高位进位的进位信号C_i。根据二进制加法运算规则，建立全加器的真值表见表1-18，逻辑图及逻辑符号如图1-64所示。逻辑表达式为

$$S_i=\overline{A}_i\overline{B}_iC_{i-1}+\overline{A}_iB_i\overline{C}_{i-1}+A_i\overline{B}_i\overline{C}_{i-1}$$

$$=(A_i\overline{B}_i+\overline{A}_iB_i)\overline{C}_{i-1}+(\overline{A}_i\overline{B}_i+A_iB_i)C_{i-1}$$

$$C_i = \overline{A}_iB_iC_{i-1} + A_i\overline{B}_iC_{i-1} + A_iB_i\overline{C}_{i-1} + A_iB_iC_{i-1}$$
$$= ((\overline{A}_iB_i + A_i\overline{B}_i)C_{i-1} + A_iB_i)$$

半加器的本位相加和为

$$S = A_i\overline{B}_i + \overline{A}_iB_i \qquad \overline{S} = A_iB_i + \overline{A}_i\overline{B}_i$$

将 S 和 $\overline{S}$ 分别代入 S_i 和 C_i 的逻辑函数表达式中，可得：

$$S_i = SC_{i-1} + \overline{S}C_{i-1}$$
$$C_i = SC_{i-1} + A_iB_i$$

由此可见，全加器可以用两个半加器和或门组成。

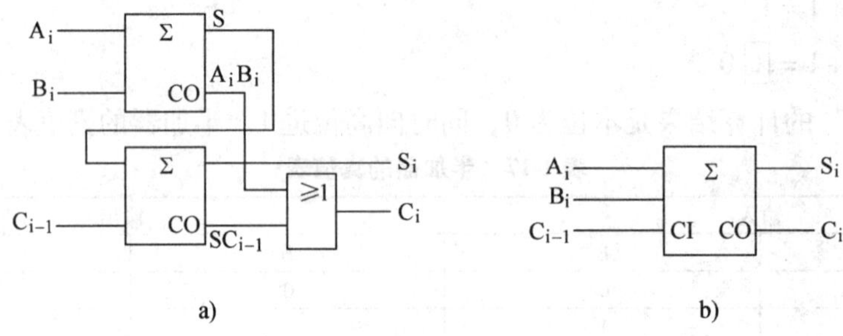

图 1-64 全加器

a）逻辑电路 b）逻辑符号

表 1-18 全加器的真值表

输入			输出	
A_i	B_i	C_{i-1}	S_i	C_i
0	0	0	0	0
0	0	1	1	0
0	1	0	1	0
0	1	1	0	1
1	0	0	1	0
1	0	1	0	1
1	1	0	0	1
1	1	1	1	1

技能训练 4 半加器和全加器逻辑电路的安装与测试

一、训练目的

1. 掌握半加器逻辑电路的功能和测试技能。
2. 掌握全加器逻辑电路的功能和测试技能。

二、训练器材

（1）工具及仪表 电子钳、电烙铁、镊子等常用电子组装工具 1 套；+15V 稳压电源 1 台、万用表 1 块。

（2）元器件 元器件明细见表 1-19。

表 1-19　元器件明细

代号	名称	型号	数量
IC1、IC2	双四输入与非门	CD4012	2
IC3	OC 门	ULN2003AN	1
	集成电路插座	16 脚	1
	集成电路插座	14 脚	2
S1 ~ S3	按钮		3
$R_1 \sim R_6$	电阻器	47kΩ	6
R_7	电阻器	27kΩ	1
R_8	电阻器	2.7kΩ	1
$C_1 \sim C_3$	电容器	0.01μF	3
	试验板		1

（3）电路　半加器电路如图 1-65 所示；全加器电路如图 1-66 所示。

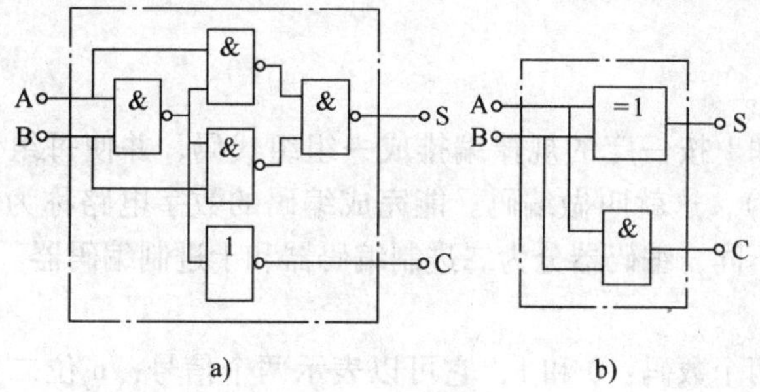

图 1-65　半加器电路

a）电路一　b）电路二

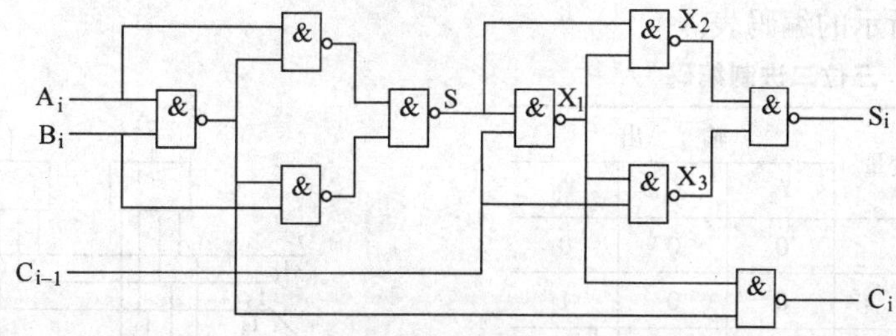

图 1-66　由与非门组成的全加器电路

三、训练内容及步骤

1）根据表 1-19 配齐电路所需元器件，并检测元器件质量的好坏。

2）分析图 1-65 所示电路的逻辑功能：

①将 A、B 两输入端接至逻辑开关的输出插口；S、C 分别接至逻辑电平显示输入插口。

②按表 1-20 的要求进行逻辑状态的测试，并将结果填入表中，并判断测试结果是否正确。

表 1-20 逻辑状态的测试

A	B	S	C
0	0		
0	1		
1	0		
1	1		

3）分析图 1-66 所示电路的逻辑功能：

①写出电路的逻辑函数表达式。

②按图 1-66 连接导线及元器件。

③进行逻辑功能测试，并记录测试结果，判断测试结果是否正确。

第五节 编码器和译码器

一、编码器

把二进制数码 0 和 1 按一定的规律编排成一组组代码，并使每组代码具有一定的含义（如代表某个十进制数），这就叫做编码。能完成编码的数字电路称为编码器。按照输出二进制代码编码方法的不同，编码器分为二进制编码器和十进制编码器。

1. 二进制编码器

一个二进制数有两个数码：0 和 1，它可以表示两个信号；n 位二进制代码可以表示 2^n 个不同的信号。将 2^n 个信号进行编码的电路，叫做二进制编码器。例如，三位二进制代码有 8 种组合，因而可以表示 8 个信号。将这 8 个信号进行编码的电路就是三位二进制编码器。这 8 个信号分别用 0、1…7 来表示。为此，先列出 8 个数字的二进制代码，这些代码就组成了如表 1-21 所示的编码表。

表 1-21 三位二进制编码

十进制数	输入变量	输出		
		Y_2	Y_1	Y_0
0	I_0	0	0	0
1	I_1	0	0	1
2	I_2	0	1	0
3	I_3	0	1	1
4	I_4	1	0	0
5	I_5	1	0	1
6	I_6	1	1	0
7	I_7	1	1	1

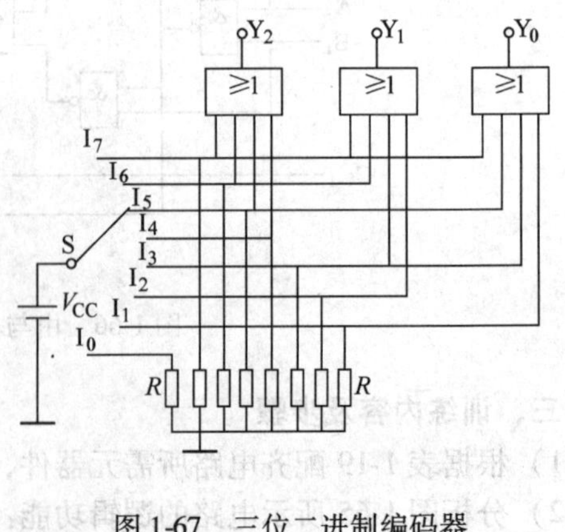

图 1-67 三位二进制编码器

由表 1-21 可以写出编码输出 Y_2、Y_1、Y_0 的逻辑函数表达式：

$$Y_0 = I_1 + I_3 + I_5 + I_7$$
$$Y_1 = I_2 + I_3 + I_6 + I_7$$
$$Y_2 = I_4 + I_5 + I_6 + I_7$$

由逻辑函数表达式就可以画出如图 1-67 所示的三位二进制编码器逻辑图。

例如，对十进制数字“3”进行编码时，S 应接 I_3，则输入端 I_3 为高电平，输出端 $Y_0 = 1$、$Y_1 = 1$、$Y_2 = 0$，所以，$Y_2Y_1Y_0 = 011$，也就是把十进制数字“3”编成了二进制代码 011。又如，当 S 接 I_0 时，$Y_2 = Y_1 = Y_0 = 0$，即数字“0”的二进制代码为 000。

三位二进制编码器的输入端有 8 个，输出端是 3 个，故集成三位二进制编码器称为 8—3 线编码器，如 LS/HC148、74LS348、CC4532B 等。

2. 二—十进制编码器

将十进制数字 0 ~ 9 编成二进制代码的电路称为二—十进制编码器，也称为 BCD 码编码器。要对 0 ~ 9 十个数字编码，至少需要四位二进制代码。四位二进制数码有 16 种排列，所以，只要从 16 种组合中取出 10 种来表示 0 ~ 9 十个数字。这种取法有多种编排方式。常用的是 8421BCD 码。表 1-22 列出了 8421BCD 码的编码情况。

由表 1-22 可以得到：

$$Y_3 = I_8 + I_9$$
$$Y_2 = I_4 + I_5 + I_6 + I_7$$
$$Y_1 = I_2 + I_3 + I_6 + I_7$$
$$Y_0 = I_1 + I_3 + I_5 + I_7 + I_9$$

图 1-68 就是由上述逻辑函数表达式画出的 8421 编码器。

表 1-22　8421BCD 码编码

十进制数	输入变量	输出			
		Y_3	Y_2	Y_1	Y_0
0	I_0	0	0	0	0
1	I_1	0	0	0	1
2	I_2	0	0	1	0
3	I_3	0	0	1	1
4	I_4	0	1	0	0
5	I_5	0	1	0	1
6	I_6	0	1	1	0
7	I_7	0	1	1	1
8	I_8	1	0	0	0
9	I_9	1	0	0	1

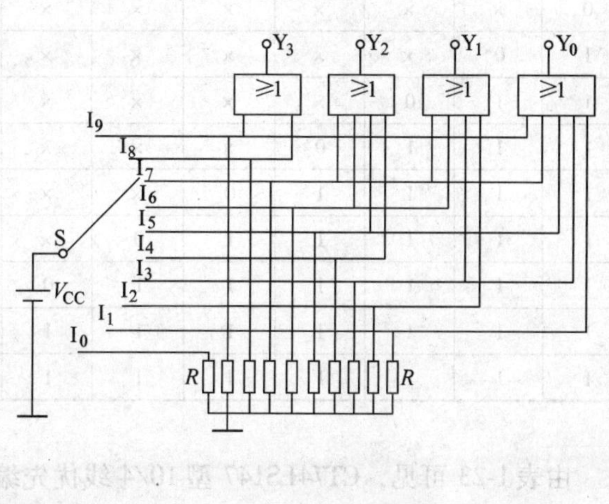

图 1-68　8421 编码器

集成 BCD 编码器有 LS/HC147、CC40147、C304 等。

3. 优先编码器

上述编码器每次只能对一个输入信号进行编码。但是，在实际应用中往往同时有多个信号输入给编码器，这时编码器不可能对这些信号同时进行编码，而只能按信号的轻重缓急，即按输入信号的优先级别进行编码。具有这种功能的编码器就称为优先编码器。

常用的有 CT74LS147 型 10/4 线优先编码器，其外形如图 1-69 所示，外引脚排列如图 1-70 所示，各引脚的功能说明如下：

（1）$\overline{I_1}$ ~ $\overline{I_9}$—九个编码输入端，低电平有效。

（2）$\overline{Y_0}$ ~ $\overline{Y_3}$—四个编码输出端，输出为反码。

（3）V_{CC}—电源。

（4）GND—接地端。

（5）NC—空脚。

图 1-69　CT74LS147 的外形

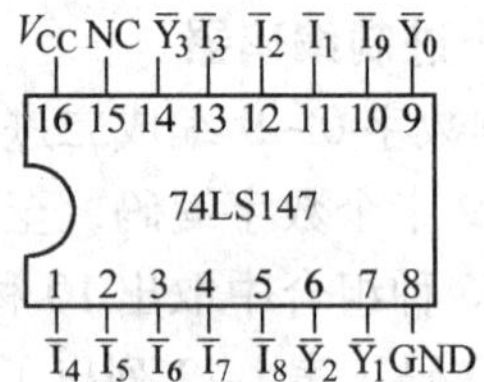

图 1-70　CT74LS147 外引脚排列

CT74LS147 型 10/4 线优先编码器的逻辑功能见表 1-23。

表 1-23　CT74LS147 型 10/4 线优先编码器的编码

输入										输出			
$\overline{I_9}$	$\overline{I_8}$	$\overline{I_7}$	$\overline{I_6}$	$\overline{I_5}$	$\overline{I_4}$	$\overline{I_3}$	$\overline{I_2}$	$\overline{I_1}$	$\overline{I_0}$	$\overline{Y_3}$	$\overline{Y_2}$	$\overline{Y_1}$	$\overline{Y_0}$
1	1	1	1	1	1	1	1	1	1	1	1	1	1
0	×	×	×	×	×	×	×	×	×	0	1	1	0
1	0	×	×	×	×	×	×	×	×	0	1	1	1
1	1	0	×	×	×	×	×	×	×	1	0	0	0
1	1	1	0	×	×	×	×	×	×	1	0	0	1
1	1	1	1	0	×	×	×	×	×	1	0	1	0
1	1	1	1	1	0	×	×	×	×	1	0	1	1
1	1	1	1	1	1	0	×	×	×	1	1	0	0
1	1	1	1	1	1	1	0	×	×	1	1	0	1
1	1	1	1	1	1	1	1	1	0	1	1	1	0

由表 1-23 可见，CT74LS147 型 10/4 线优先编码器有 9 个输入变量 $\overline{I_1}$ ~ $\overline{I_9}$，四个输出变量 $\overline{Y_0}$ ~ $\overline{Y_3}$，它们都是反变量。输入的反变量对低电平有效，即有信号时，输入为“0”。输出的反变量组成反码，对应于 0 ~ 9 十个十进制数码。例如表中第一行，所有输入端无信号，输出的不是与十进制数码 0 对应的二进制数 0000，而是其反码 1111。输入信号的优先次序为 $\overline{I_9}$ ~ $\overline{I_1}$。当 $\overline{I_9}$ =0 时，无论其他输入端是 0 或 1（表中 × 表示任意态），输出端只对 $\overline{I_9}$ 编码，输出为 0110（原码为 1001）。当 $\overline{I_9}$ =1，$\overline{I_8}$ =0 时，无论其他输入端为何值，输出端只对 $\overline{I_8}$ 编

码，输出为0111（原码为1000），依次类推。

二、译码器

译码器的功能与编码器正相反，它是将具有特定含义的二进制代码按其原意“翻译”出来，并转换成相应的输出信号。这个输出信号可以是脉冲，也可以是电位。译码器也叫解码器。译码器按功能划分，通常有二进制译码器、二—十进制译码器和显示译码器三类。

1. 二进制译码器

二进制译码器的逻辑功能是将二进制代码按其原意“翻译”成相应的输出信号。一组n位二进制代码有2^n个取值组合，对应的输出信息就应该有2^n个。

以集成双2—4线译码器CT4139为例，在集成电路的芯片上制作了两个彼此独立的2—4线译码器，其中一个译码器的单元逻辑电路如图1-71所示。

二位输入变量A、B共有4种不同的状态组合，因此，有4个译码器输出信号$Y_0 \sim Y_3$，所以该译码器称为2线—4线译码器。S是选通（使能）输入端，低电平有效，即S = 1时，不论A、B为何值，输出量均为1，译码器处于不工作状态；S = 0时，对应于A、B的某种状态组合，只有一个输出量为0，其余输出均为1，见表1-24。

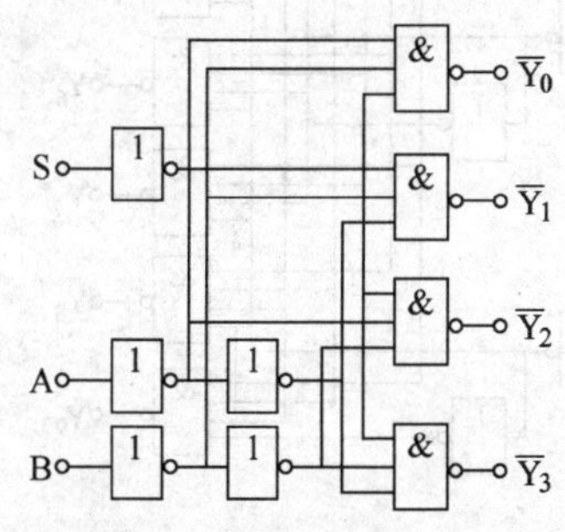

图1-71　2—4线译码器

表1-24　2线—4线译码器真值表

S	B	A	$\overline{Y_3}$	$\overline{Y_2}$	$\overline{Y_1}$	$\overline{Y_0}$
1	×	×	1	1	1	1
0	0	0	1	1	1	0
0	0	1	1	1	0	1
0	1	0	1	0	1	1
0	1	1	0	1	1	1

由真值表写出逻辑函数表达式，即

$$\overline{Y_0} = \overline{S}\,\overline{B}\,\overline{A}$$

$$\overline{Y_1} = \overline{S}\,\overline{B}\,A$$

$$\overline{Y_2} = \overline{S}\,B\,\overline{A}$$

$$\overline{Y_3} = \overline{S}\,BA$$

集成二进制译码器有很多种，如双2—4线译码器：LS139、CC4556、CC4555等；3—8线译码器：LS137、LS138、LS231等；4—16线译码器：C4514、LS154、CC4515等。

2. 二—十进制译码器

将二—十进制代码译成十进制数码0 ~ 9的电路叫做二—十进制译码器。一个二—十进制代码有四位二进制代码，所以，这种译码器有四个输入端、十个输出端，通常也叫做4—10线译码器。图1-72所示是8421BCD码译码器逻辑图，输出为低电平译码有效。

由译码器逻辑电路可以得到：

$$Y_0=\overline{\overline{D}\,\overline{C}\,\overline{B}\,\overline{A}}\qquad Y_1=\overline{\overline{D}\,\overline{C}\,\overline{B}\,A}$$

$$Y_2=\overline{\overline{D}\,\overline{C}\,B\,\overline{A}}\qquad Y_3=\overline{\overline{D}\,\overline{C}\,BA}$$

$$Y_4=\overline{\overline{D}\,C\,\overline{B}\,\overline{A}}\qquad Y_5=\overline{\overline{D}\,C\,\overline{B}\,A}$$

$$Y_6=\overline{\overline{D}\,CB\,\overline{A}}\qquad Y_7=\overline{\overline{D}\,CBA}$$

$$Y_8=\overline{D\,\overline{C}\,\overline{B}\,\overline{A}}\qquad Y_9=\overline{D\,\overline{C}\,\overline{B}\,A}$$

$Y_0 \sim Y_9$ 就是译码器的输出逻辑函数表达式。当 DCBA 分别为 0000 ~ 1001 十个 8421BCD 码时，就可以得到译码器的真值表，见表 1-25。

例如，DCBA = 0000 时，$Y_0 = 0$，而 $Y_1 = Y_2 = \cdots = Y_9 = 1$，它表示由 8421BCD 码“0000”译成的十进制数码为 0。由译码输出逻辑表达式可以看到，译码器除了能把 8421BCD 码译成相应的十进制数码之外，它还能“拒绝伪码”。所谓伪码，是指 1010 ~ 1111。当输入 6 个伪码中任意一个数码时，$Y_0 \sim Y_9$ 均为“1”，即得不到译码输出。这就是拒绝伪码。

集成 8421BCD 码译码器有 74LS42、CC4028B、C301 等。

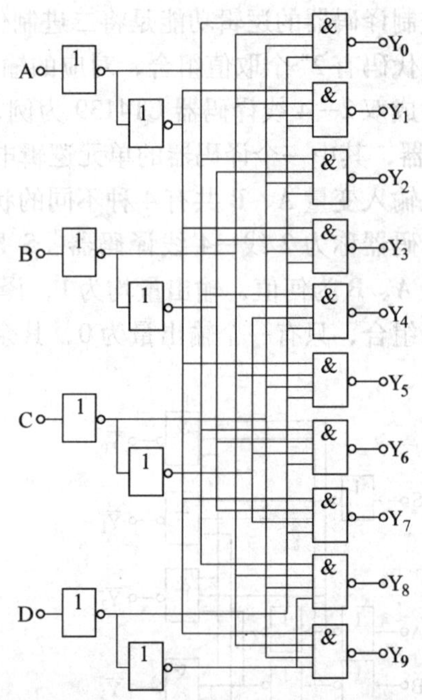

图 1-72 8421BCD 码译码器逻辑电路

3. 显示译码器

在数字系统中，运算、操作的主要对象是二进制数码。人们往往希望把运算或操作的结果用十进制数直观地显示出来，因此数字显示电路是数字系统的一个不可缺少的组成部分。

表 1-25 8421BCD 码译码器真值表

DCBA	Y_0	Y_1	Y_2	Y_3	Y_4	Y_5	Y_6	Y_7	Y_8	Y_9
0000	0	1	1	1	1	1	1	1	1	1
0001	1	0	1	1	1	1	1	1	1	1
0010	1	1	0	1	1	1	1	1	1	1
0011	1	1	1	0	1	1	1	1	1	1
0100	1	1	1	1	0	1	1	1	1	1
0101	1	1	1	1	1	0	1	1	1	1
0110	1	1	1	1	1	1	0	1	1	1
0111	1	1	1	1	1	1	1	0	1	1
1000	1	1	1	1	1	1	1	1	0	1
1001	1	1	1	1	1	1	1	1	1	0

数字显示器件的种类较多，主要有半导体发光二极管显示器、液晶显示器等。显示的字形是由显示器的各段组合成数字0～9，或者其他符号。我国字形管标准为七段字形。笔段字形如图1-73所示，它有七个能发光的段，当给某些段加上一定的电压或驱动电流时，它就会发光，从而显示出相应的字形。由于各种数码显示管的驱动要求不同，驱动各种数码显示管的译码器也不同。

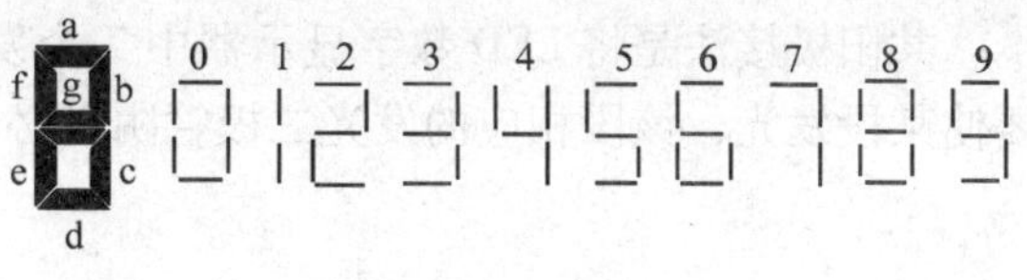

图1-73　七段显示器字形

（1）常用的数码显示器

1）半导体发光二极管显示器（LED数字显示器）。发光二极管与普通二极管的主要区别在于它导通时能发光，即外加正向电压时，能发出醒目的光。

发光二极管工作电压为1.5～3V，工作电流一般取10mA/段左右。这样既可以保证亮度适中，又不致损坏器件。发光二极管工作时要加驱动电流，而驱动电路通常用与非门，有低电平驱动和高电平驱动两种，如图1-74所示。调节 R_S 的大小可以改变流过发光二极管的电流，从而控制发光二极管的亮度。

LED数字显示器又称为数码管，它由七段发光二极管封装组成，它们排列成“日”字形，如图1-75所示，其外形如图1-76所示。

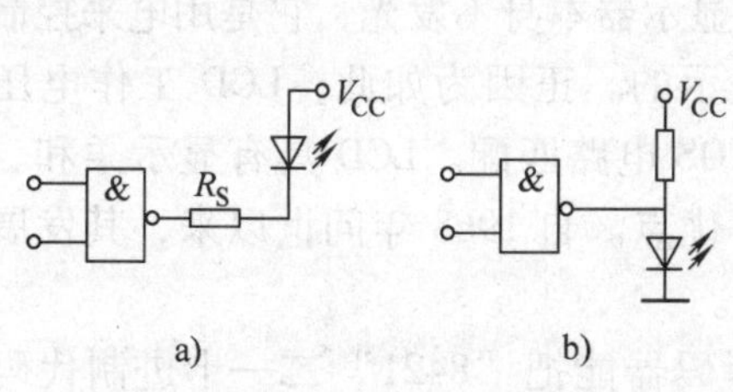

图1-74　发光二极管的驱动电路

a）低电平驱动　b）高电平驱动

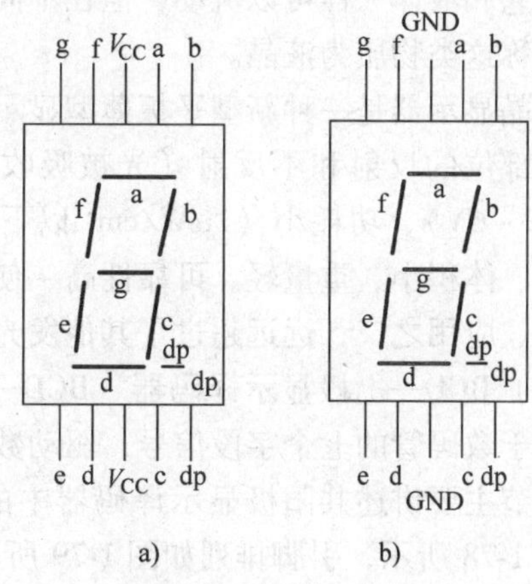

图1-75　LED数字显示器

a）共阳极　b）共阴极

LED数字显示器各引脚的功能说明如下：

①a、b、c、d、e、f、g：字形七段输入端。

②dp：小数点输入端。

③V_{CC}：电源。

④GND：接地端。

LED数字显示器内部发光二极管的接法有两种：共阳极或共阴极，如图1-77

图1-76　LED数字显示器的外形

所示。

共阳极接法是将 LED 数字显示器中 7 个发光二极管的阳极共同连接，并接到电源。若要使某段发光，该段相应的发光二极管阴极必须经限流电阻 R 接低电平。

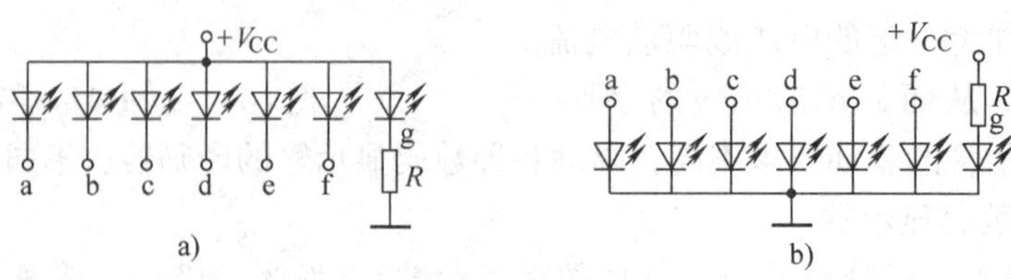

图 1-77　LED 数字显示器内部发光二极管的接法

a）共阳极　b）共阴极

共阴极接法是将 LED 数字显示器中 7 个发光二极管的阴极共同连接，并接地。若要使某段发光，该段相应的发光二极管阳极必须经限流电阻 R 接高电平。

2）液晶显示器。液晶显示器通常简称 LCD。液晶是一种介于固体和液体之间的有机化合物。它和液体一样可以流动，但在不同方向上的光学特性不同，具有显示类似于晶体的性质，故称这类物质为液晶。

液晶显示器是一种新型平板薄型显示器件。液晶显示器本身不发光，它是用电来控制光在显示部位的反射和不反射（光被吸收）而实现显示的。正因为如此，LCD 工作电压低（约为 2～6V）、功耗小（$1\mu W/cm^2$ 以下），能与 CMOS 电路匹配。LCD 具有显示柔和、字迹清晰、体积小、重量轻、可靠性高、使用寿命长等优点。自 1968 年问世以来，其发展速度之快、应用之广，远远超过了其他发光型显示器件。

（2）BCD—七段显示译码器　BCD—七段显示译码器能把“8421”二—十进制代码译成对应于数码管的七个字段信号，驱动数码管，显示出相应的十进制数码。

本节主要讲述共阳极显示译码器中的 CT74LS247 型译码器，CT74LS247 型译码器的外形如图 1-78 所示，引脚排列如图 1-79 所示。

图 1-78　CT74LS247 型译码器的外形

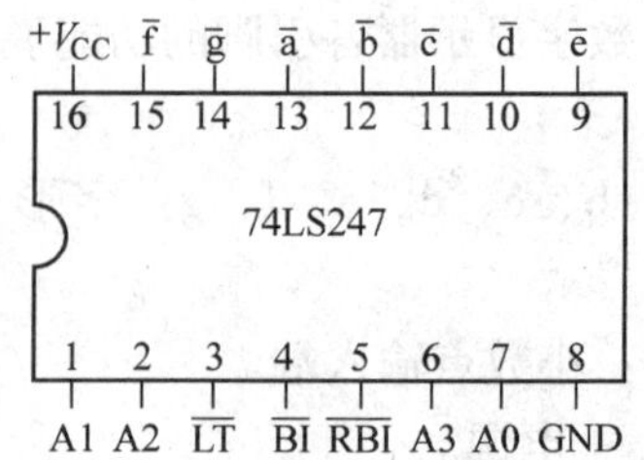

图 1-79　CT74LS247 型译码器的引脚排列

CT74LS247 型译码器各引脚说明如下：A_3、A_2、A_1、A_0 为 8421BCD 码的 4 个输入端；$\overline{a}$、$\overline{b}$、$\overline{c}$、$\overline{d}$、$\overline{e}$、$\overline{f}$、$\overline{g}$为 7 个译码输出端（低电平有效）；$+V_{CC}$为电源端；GND 为接地端；$\overline{LT}$为试灯输入端；$\overline{BI}$为灭灯输入端；$\overline{RBI}$为灭 0 输入端。

该译码器的输入端和译码输出端分别与七段显示器的各段相连接。当 $A_3A_2A_1A_0=0000$ 时，a = b = c = d = e = f = 0，只有 g = 1。所以，七段显示器的 a、b、c、d、e、f 段分别发光，而 g 段不亮，七段显示器显示“0”。当 $A_3A_2A_1A_0=0001$ 时，b = c = 0，而 a = d = e = f = g = 1，七段显示器的 b、c 段发光，而 a、d、e、f、g 不亮，七段显示器显示“1”。依次类推，就可以得到 CT74LS247 型译码器的功能表，见表 1-26。

表 1-26　CT74LS247 型译码器的功能

功能和十进制数	输入							输出笔划段状态							显示字符
	$\overline{LT}$	$\overline{RBI}$	$\overline{BI}$	D	C	B	A	$\overline{a}$	$\overline{b}$	$\overline{c}$	$\overline{d}$	$\overline{e}$	$\overline{f}$	$\overline{g}$	
试灯	0	×	1	×	×	×	×	0	0	0	0	0	0	0	
灭灯	×	×	0	×	×	×	×	1	1	1	1	1	1	1	
灭 0	1	0	1	0	0	0	0	1	1	1	1	1	1	1	
0	1	1		0	0	0	0	0	0	0	0	0	0	1	
1	1	×		0	0	0	1	1	0	0	1	1	1	1	
2	1	×		0	0	1	0	0	0	1	0	0	1	0	
3	1	×		0	0	1	1	0	0	0	0	1	1	0	
4	1	×		0	1	0	0	1	0	0	1	1	0	0	
5	1	×		0	1	0	1	0	1	0	0	1	0	0	
6	1	×		0	1	1	0	0	1	0	0	0	0	0	
7	1	×		0	1	1	1	0	0	0	1	1	1	1	
8	1	×		1	0	0	0	0	0	0	0	0	0	0	
9	1	×		1	0	0	1	0	0	0	0	1	0	0	

常用的显示译码器有三种：共阴极、共阳极、液晶显示译码器。

发光二极管显示译码器有共阴极、共阳极两种类型。

常用的共阴极显示译码器有：T337、T339、T1048、T4048、T1248、T4248、T1249、T4249、T1049、CC4511、CC14513 等。

常用的共阳极显示译码器有：T1247、T4247、T338 等。

常用的液晶显示译码器有：C306、CC4055、CC14543 等。

技能训练 5　编码、译码及显示电路的安装与测试

一、训练目的

1. 掌握编码、译码及显示电路的功能，并熟悉其应用。
2. 掌握编码、译码及显示电路的安装和测试技能。

二、训练器材

1. 工具与仪表

（1）工具　电子钳、电烙铁、镊子等常用电子组装工具一套。

（2）仪表　+15V 稳压电源、万用表 。

2. 元器件

元器件明细见表 1-27。

表 1-27　元器件明细

代　号	名　称	型　号	数　量
IC1	LED 数码管	BS204	1
IC2	显示译码器	CT74LS247	1
IC3	六反相器	CD4069	1
IC4	10/4 线优先编码器	CT74LS147	1
	集成电路插座	16 脚	2
	集成电路插座	14 脚	1
S0 ~ S9	按钮		10
R_1 ~ R_7	电阻器	510Ω	7
R_8 ~ R_{17}	电阻器	1kΩ	10
	试验板		1

3. 测试电路

译码及显示电路的测试电路如图 1-80 所示。

三、训练内容及步骤

1. 识别元器件

1）熟悉 CT74LS147 型 10/4 线优先编码器的外形及引脚功能。

2）熟悉共阳极显示译码器 CT74LS247 型译码器的外形及引脚功能。

3）熟悉共阳极 LED 数码管的外形及引脚功能。

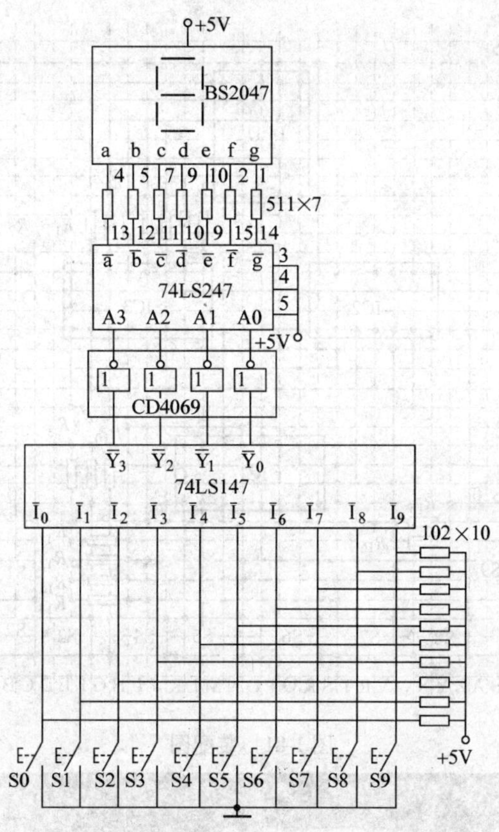

图 1-80　十进制数码编码、译码及显示电路

2. 装配电路

（1）画出装配图　根据电气原理图正确进行安装图的设计，可以两面布线，以焊点一面为主，图中焊点、连接线、元器件都是安装时的实际位置，实线表示焊点一面的连接线，虚线表示元件一面的连接线，连接线画的要平直，不能交叉。

十进制编码、译码及显示电路装配图如图 1-81 所示。十进制编码、译码及显示电路板焊点面如图 1-82 所示。

（2）检测元器件

1）清点元器件。按表 1-27 核对元器件的数量、型号和规格，如有短缺、差错应及时补缺和更换。

2）检测元器件的性能。用万用表电阻挡对元器件进行检测，对不符合质量要求的必须剔除并更换。

3）进行试验板的插装与焊接操作，主要内容如下：

①按装配图将元器件插装在试验板上，安装原则是先低后高，先里后外，且上道工序不得影响下道工序的安装。

②电阻器采用卧式安装时需要占用 4 个焊盘，并且要保证紧贴板面安装，色标法电阻的色环标志顺序方向应保持一致。

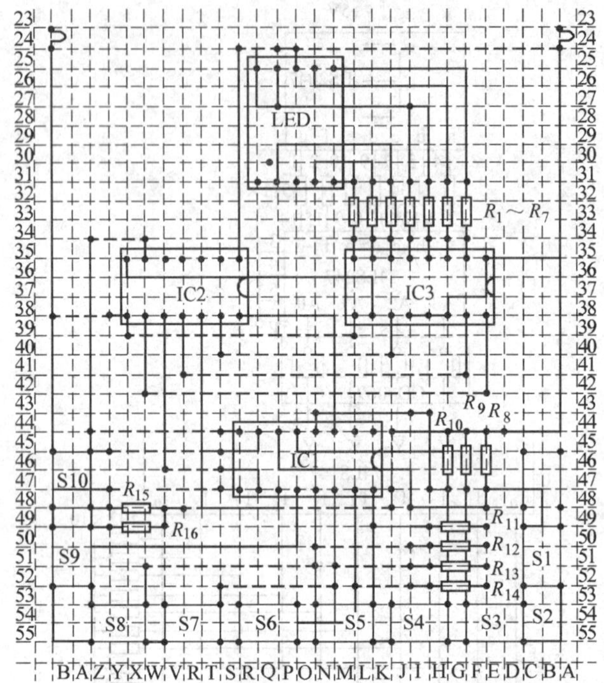

图 1-81　装配图

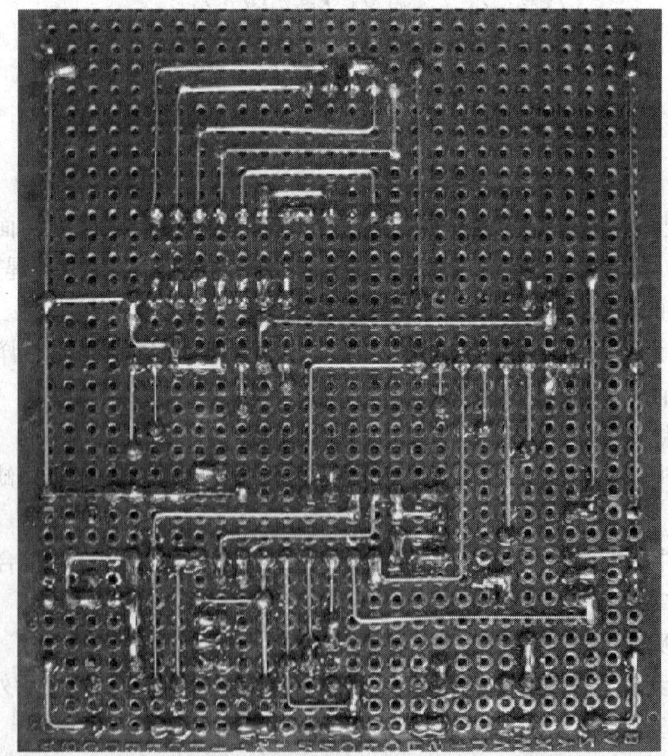

图 1-82　十进制编码、译码及显示电路板焊点面

③集成电路应安装到相应插座上，插座标记口的方向应与实际集成块标记口的方向一致。将集成电路插入插座时，应避免插反及引脚未完全插入等现象。

④数码显示器占用焊盘情况：水平5个，垂直7个，如图1-83所示。

⑤导线连线在焊点面上拐弯时，应采用直角形状，且直角处用焊点加以固定。

注意：所有焊点均采用直脚焊，并焊后剪去多余引脚。

安装好的电路板如图1-84所示。

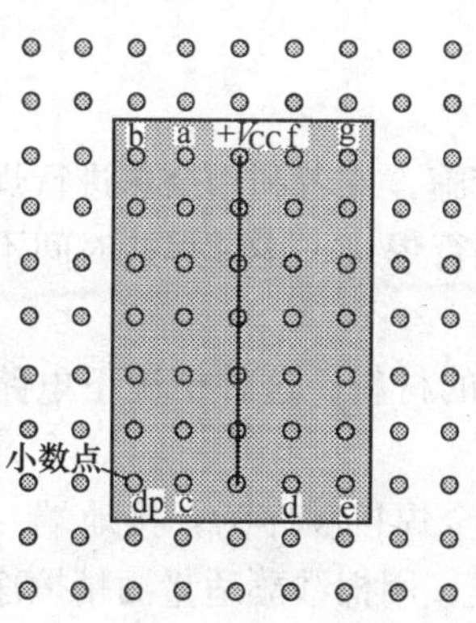

图1-83　数码显示器的安装

图1-84　安装好的电路板

3. 测试步骤及要求

1）安装完成后，对照测试电路图和装配图进行检查。

2）用万用表检测电源是否有短路问题，待确认无误后，插上集成电路，然后进行通电测试。

具体测试要求为：假设S1 ~ S9按下时为“0”，未按下为“1”，“×”表示按钮可按下或未按下；按表1-25中的要求分别设置S1 ~ S9的状态，并用万用表分别测量$\overline{Y_0}$、$\overline{Y_1}$、$\overline{Y_2}$、$\overline{Y_3}$点的电位；然后，将测量值填入表1-28中，并观察记录数码管的状态。

表1-28　测试数据记录

S9	S8	S7	S6	S5	S4	S3	S2	S1	$\overline{Y_3}$	$\overline{Y_2}$	$\overline{Y_1}$	$\overline{Y_0}$	数码管的状态
1	1	1	1	1	1	1	1	1					
0	×	×	×	×	×	×	×	×					
1	0	×	×	×	×	×	×	×					
1	1	0	×	×	×	×	×	×					
1	1	1	0	×	×	×	×	×					
1	1	1	1	0	×	×	×	×					
1	1	1	1	1	0	×	×	×					
1	1	1	1	1	1	0	×	×					
1	1	1	1	1	1	1	0	×					
1	1	1	1	1	1	1	1	0					

3）完成测试记录后认真分析测量结果。

【阅读材料】

一、集成电路焊接技术

由于集成电路内部集成度高，要求焊接温度不能超过200℃。因此，对集成电路进行焊接时，应注意以下几点：

1）集成电路引线一般是经镀银处理的，不需要用刀刮削，只需用酒精擦洗或用橡皮擦干净即可。

2）如果引线有短路环，焊接前切记不要拿掉。

3）电烙铁最好用20W内热式，并要有可靠的接地措施，或者利用余热进行焊接。

4）焊接时间不宜过长，每个焊点最好用2s的时间进行焊接，连续焊接时间不超过10s。

5）应使用低熔点焊剂，一般不要超过150℃。

6）如果工作台面上铺有橡皮、塑料等易于积累静电的材料，这种情况下电路芯片及印制电路板不宜放在台面上。

7）引脚必须和电路板插孔一一对应，集成电路的安全焊接顺序为：接地端→输出端→电源端→输入端；且要防止焊点之间发生短路。焊接完毕，用棉纱蘸适量酒精擦净焊接处残留的焊剂。

二、COMS集成电路简介

COMS集成电路是由增强型PMOS管和增强型NMOS管构成的互补MOS集成电路。与TTL集成电路相比较，COMS集成电路的优点是制作工艺比较简单、功耗低、抗干扰能力强、工作稳定性高，从而在中、大规模数字集成电路中得到了广泛应用，并具有广阔的发展前景。目前，国产CMOS数字集成电路主要有两个系列：CC4000系列和高速CMOS（HCMOS）系列。

（1）CC4000系列　工作电压为3～8V，能和TTL数字集成电路共用电源，且连接比较方便，是当前具有广阔发展前途的新型器件。

（2）高速CMOS系列　又称为HCMOS系列。它的突出优点是平均传输延迟时间tpd低，约为普通CMOS门电路的1/10，也是一种具有前途的新型器件。

CMOS门电路的逻辑功能、图形符号与TTL集成门电路相同。

由于CMOS集成电路特殊的结构，在使用CMOS集成门电路时，应该注意以下几点：

1）CC4000系列需用的电源电压可在3～15V的范围内选择，但是不能够超过18V。

2）电源电压的极性不能接反，否则将烧毁CMOS集成电路。

3）多余不用的输入端不能悬空。正确的处理方法是：与门和与非门的多余输入端接电源正极性端；或门和或非门的多余输入端直接接地。

4）在同一数字系统中既有CMOS又有TTL集成电路时，应注意这两种不同类型电路之间逻辑电平的配合问题。

三、卡诺图

逻辑函数不仅可以用逻辑函数表达式和真值表表示，还可以用卡诺图表示。所谓卡诺图，就是与变量的最小项对应的按一定规则排列的方格图，每一小方格填入一个最小项。

n 个变量有 2^n 种组合，最小项就有 2^n 个，卡诺图也相应有 2^n 个小方格。图 1-85 所示为二变量、三变量和四变量卡诺图。在卡诺图的行和列分别标出变量及其状态。变量状态的次序是 00，01，11，10，而不是二进制递增的次序 00，01，10，11。这样排列是为了使任意两个相邻最小项之间只有一个变量改变。小方格也可用二进制对应于十进制数编号，如图 1-85c 所示的四变量卡诺图，变量的最小项用 m_0，m_1，m_2……来编号。

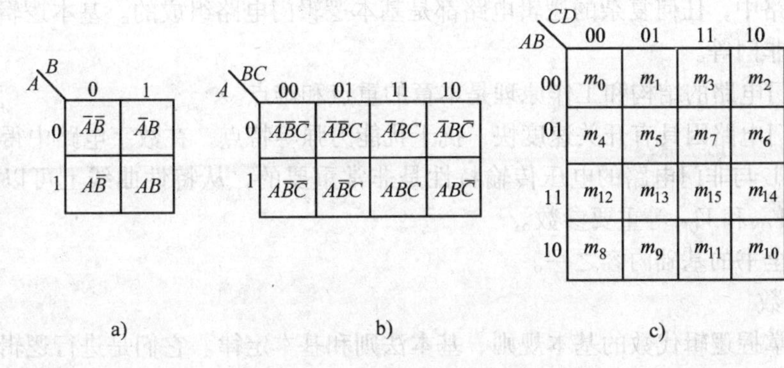

图 1-85　卡诺图

a）二变量　b）三变量　c）四变量

逻辑函数表达式的化简不仅可以用公式化简还可以应用卡诺图化简。应用卡诺图化简逻辑函数表达式时，先将逻辑函数表达式中的最小项（或逻辑状态表中取值为“1”的最小项）分别用“1”填入相应的小方格内。如果逻辑函数表达式中的最小项不全，则填写“0”或空着不填。如果逻辑函数表达式不是由最小项构成，一般应先化为最小项（或列其逻辑状态表）。

应用卡诺图化简逻辑函数表达式时，应掌握下列几点：

1）将取值为“1”的相邻小方格圈成矩形或方形，相邻小方格包括最上行与最下行及最左列与最右列同列或同行两端的两个小方格。

所圈取值为“1”的相邻小方格的个数应为 2^n（$n=0$，1，2，3…），即 1，2，4，8，……，不允许 3，6，10，12 等。

2）圈的个数应最少，圈内小方格个数应尽可能多。每圈一个新的圈时，必须包含至少一个在已圈过的圈中未出现过的最小项，否则因重复而得不到最简式。

每一个取值为“1”的小方格可被圈多次，但不能遗漏。

3）相邻的两项可合并为一项，并消去一个因子；相邻的四项可合并为一项，并消去两个因子；依此类推，相邻的 2^n 项可合并为一项，并消去 n 个因子。

将合并的结果相加，即为所求的最简“与或”式。

最小圈可只含一个小方格，不能化简。

本章小结

本章主要介绍了常用逻辑门电路、逻辑代数的基本法则、基本定律和逻辑函数的表示方法；介绍了组合逻辑电路的组成、工作原理和逻辑函数的化简与设计；还重点介绍了具有特定功能的常用的一些组合逻辑电路，其中有加法器、编码器、译码器和显示译码器等典型的组合逻辑电路。

1. 基本逻辑门电路

在数字电路中，任何复杂的逻辑电路都是基本逻辑门电路组成的。基本逻辑门电路包括与门、或门和非门等。

TTL与非门电路的结构和工作原理是本章的重点和难点。

TTL与非门电路因具有开关速度快，抗干扰能力强等特点，在数字电路中得到了广泛的应用。掌握TTL与非门电路的电压传输特性是非常重要的，从特性曲线上可以很方便地得到V_{OH}、V_{OL}、V_{ON}和V_{OFF}等重要参数。

本章也是全书的基础内容之一。

2. 逻辑代数

要熟练地掌握逻辑代数的基本规则、基本法则和基本定律。它们是进行逻辑函数变换的基础。它们既和普通代数有类似之处，又和普通代数有本质的区别，在学习中必须十分注意它们之间区别。逻辑函数通常用逻辑表达式和真值表来表示。逻辑表达式是组成逻辑电路的基础，真值表比较直观地反映逻辑函数和输入变量的关系。

3. 逻辑函数的化简和设计

常用公式法进行化简，公式法化简适用于任何复杂的逻辑函数的化简，特别是输入变量多的逻辑函数的化简。需要熟练地掌握逻辑代数的常用公式，并要求有一定的技巧。

掌握本章的重点是掌握组合逻辑电路的方法，具体分析组合电路时，不一定受列表达式、化简、列真值表和确定逻辑功能等四个步骤的局限，在这四个步骤中，列表达式和确定逻辑功能是分析过程的关键。

组合逻辑电路化简以后，使用较少的逻辑门电路是比较经济的。但是在实际电路中必须进行具体的分析，要考虑尽量减少使用逻辑门电路的品种和规格等。

而逻辑函数的设计是一般掌握的内容。

4. 常见的组合逻辑电路

逻辑电路的特点是输出信号与电路原来所处的状态无关，只取决于当时的信号。组合逻辑电路的种类很多，本章重点介绍了具有特定功能的常用的一些组合逻辑电路，其中有加法器、编码器、译码器和显示译码器等典型的组合逻辑电路。除了要掌握这些电路外，主要应通过学习这些电路，掌握组合逻辑电路的特点和基本分析方法。

加法器、编码器、译码器和显示译码器等典型的组合逻辑电路是本章的重点和难点。

复习思考题

1. 什么是与逻辑关系、或逻辑关系、非逻辑关系?

2. 与门和或门的输入信号 A、B、C 的波形如图 1-86 所示，试分别对应画出与门和或门的输出波形。

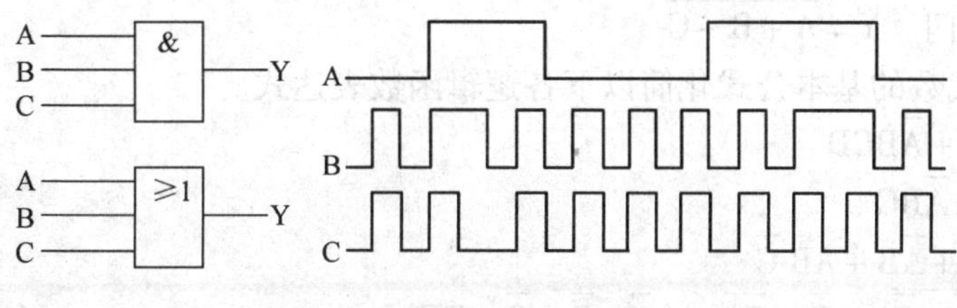

图 1-86

3. 与非门和或非门的输入信号 A、B 的波形如图 1-87 所示，试分别对应画出与非门和或非门的输出波形。

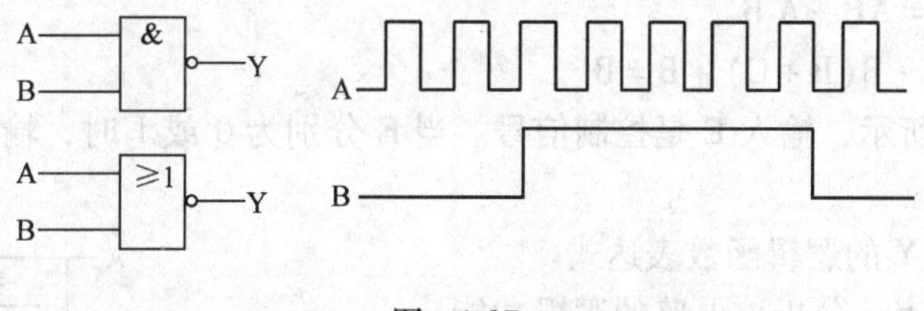

图 1-87

4. TTL 门电路如图 1-88 所示，写出输出 Y 的表达式。

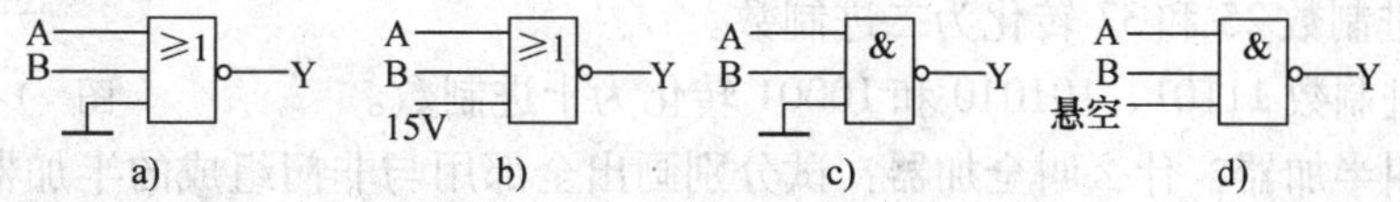

图 1-88　TTL 门电路

5. 根据下列逻辑函数表达式，并画出逻辑图。

(1) $Y=(A+B)C$

(2) $Y=AB+BC$

(3) $Y=(A+B)(A+C)$

(4) $Y=A+BC$

6. 用“与非”门实现下列逻辑关系，并画出逻辑图。

(1) $Y=AB+\overline{A}C$

(2) $Y=A+B+\overline{C}$

(3) $Y=\overline{A}\,\overline{B}+(\overline{A}+B)\,\overline{C}$

(4) $Y=\overline{A}\,\overline{B}+A\,\overline{C}+\overline{A}BC$

7. 用“与非”门组成下列逻辑门。

(1)“与”门 $Y=ABC$

(2)“或”门 $Y=A+B+C$

(3)“与或”门 $Y=ABC+DEF$

(4)“或非”门 $Y=\overline{A+B+C}$

8. 应用逻辑代数的基本公式化简以下各逻辑函数表达式。

(1) $Y=ACD+\overline{A}BCD$

(2) $Y=\overline{AB}+\overline{A}BC$

(3) $Y=ABC+\overline{A}B+AB\,\overline{C}$

(4) $Y=\overline{\overline{A}+\overline{B}+\overline{C}}\cdot(\overline{D}+\overline{E})\cdot(\overline{A}+\overline{B}+\overline{C}+DE)$

9. 应用逻辑代数式证明下列各式。

(1) $ABC+\overline{A}+\overline{B}+\overline{C}=1$

(2) $\overline{A}\,\overline{B}+A\,\overline{B}+\overline{A}B=\overline{A}+\overline{B}$

(3) $AB+\overline{A}\,\overline{B}=\overline{\overline{A}B+A\overline{B}}$

(4) $A(\overline{A}+B)+B(B+C)+B=B$

10. 如图 1-89 所示，输入 E 是控制信号。当 E 分别为 0 或 1 时，输入信号 A 和 B 之间不同的完全组合。

(1) 写出输出 Y 的逻辑函数表达式。

(2) 列出真值表，分析该电路的逻辑功能。

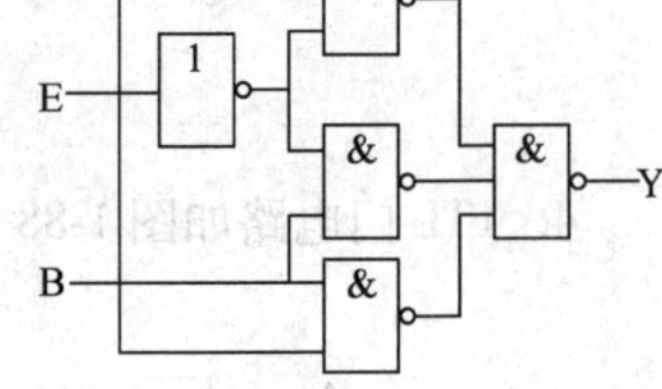

图 1-89

11. 设计三变量的判奇电路：三个输入变量中有奇数个 1 时，输出为 1，其余情况输出为 0。画出用与非门组成的逻辑电路。

12. 将十进制数 25 和 37 转化为二进制数。

13. 将二进制数 11101、101010 和 10001 转化为十进制数。

14. 什么叫半加器？什么叫全加器？试分别画出全部用与非门组成的半加器、全加器的逻辑图。

15. 什么是编码？什么是译码？二进制编码器（译码器）和十进制编码器（译码器）有什么不同？

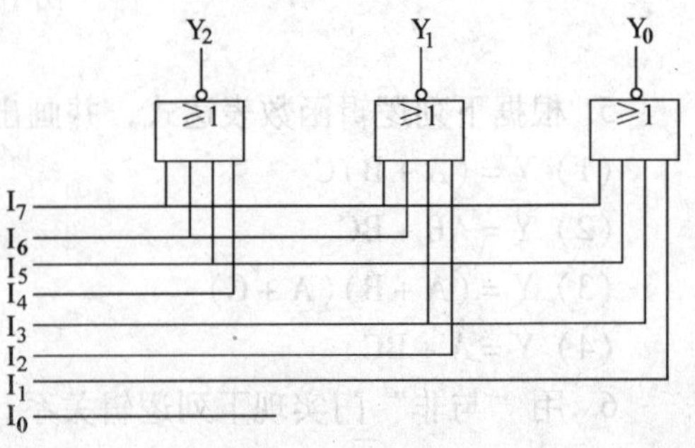

图 1-90

16. 8—3 线二进制编码器逻辑电路如图 1-90 所示。$I_0\sim I_7$ 是 8 个输入信号，高电平有效，输出是 3 位二进制码 $Y_0Y_1Y_2$。试分别写出 Y_0、Y_1、Y_2 的逻辑函数表达式，并分析当 I_4 和 I_6 端有信号输入时，输出的二进制码 $Y_0Y_1Y_2$ 为何值？

17. 图 1-91 是用 CT74LS139 型双 2/4 线译码

器（其逻辑功能见表1-29）和若干“与非”门及“非”门组成的脉冲分配器。脉冲由D端输入，受A、B、S的控制，从0～7八个输出端的某一路输出，试分析工作情况。

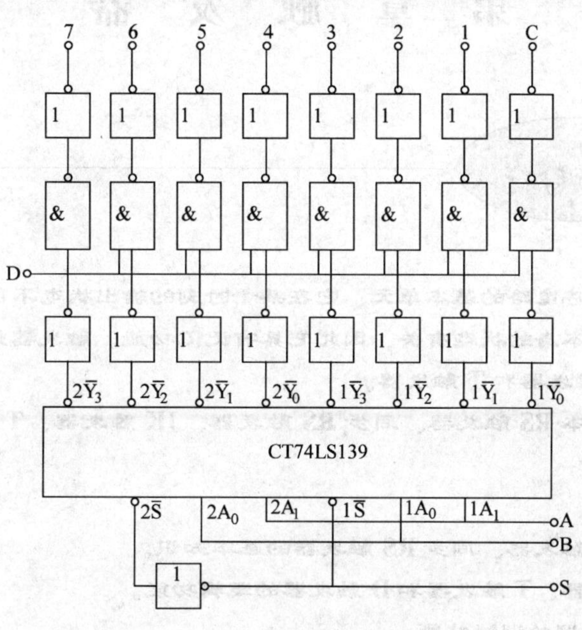

图1-91　脉冲分配器

表1-29　逻 辑 功 能

输入			输出			
$\overline{S}$	A1	A0	$\overline{Y_3}$	$\overline{Y_2}$	$\overline{Y_1}$	$\overline{Y_0}$
1	×	×	1	1	1	1
0	0	0	1	1	1	0
0	0	1	1	1	0	1
0	1	0	1	0	1	1
0	1	1	0	1	1	1

第二章 触 发 器

学习目标

触发器是构成时序电路的基本单元，它在某个时刻的输出状态不仅取决于该时刻的输入状态，而且还和它本身的状态有关，因此它具有记忆功能。触发器按功能分为 RS 触发器、JK 触发器、D 触发器和 T 触发器。

本章主要介绍基本 RS 触发器、同步 RS 触发器、JK 触发器、T 触发器和 D 触发器等内容。

本章的学习目标：

1. 掌握基本 RS 触发器、同步 RS 触发器的基本知识。
2. 掌握 JK 触发器、T 触发器和 D 触发器的逻辑功能。
3. 掌握各种触发器的调试技能。

第一节 RS 触发器

一、基本 RS 触发器

基本 RS 触发器是构成各种触发器的基本电路，它有“与非”型和“或非”型两种。

1. “与非”型基本 RS 触发器

（1）电路组成 “与非”型基本 RS 触发器如图 2-1 所示，它由两个与非门交叉耦合组成。触发信号由输入端 R、S 进入，Q、$\overline{Q}$为一对互补的输出端。

（2）工作原理

1）R = 1、S = 1。根据与非门的逻辑功能，“有 0 出 1、全 1 出 0”，可知在这种情况下，与非门 G1、G2 的输出决定于 Q、$\overline{Q}$的状态。

假设电路原来的状态为 Q = 0、$\overline{Q}$ = 1，则 G1 的一个输入端 Q = 0，输出$\overline{Q}$ = 1；而 G2 的两个输入端 S、$\overline{Q}$均为 1，“全 1 出 0”，所以输出 Q = 0。同理，假设电路原来的状态为 Q = 1、$\overline{Q}$ = 0，则 G1 的两个输入端 R = 1、Q = 1，输出$\overline{Q}$ = 0；而 G2 的一个输入端$\overline{Q}$ = 0，“有 0 出 1”，输出 Q = 1。

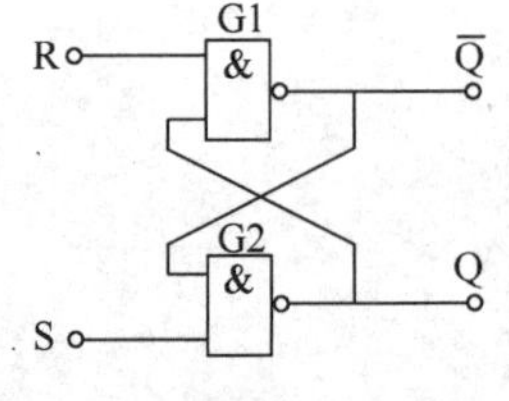

图 2-1 基本 RS 触发器

由此可见，不论电路的原状态是什么，基本 RS 触发器在 R = 1、S = 1 的条件下，将维持原状态不变。这就是触发器的保持功能，即触发器具有记忆能力。所以，R = 1、S = 1 也表示触发器的两个输入端没有触发信号输入。

2）R＝1、S＝0。由于S＝0，G2输出Q＝1，此时G1的两个输入端全为1，则输出$\overline{Q}$＝0。

可见，在这种情况下，Q＝1、$\overline{Q}$＝0，触发器置“1”，而与电路的原状态无关。所以，S＝0表示S端有信号输入。当S端有信号输入时，Q＝1，S端叫“置1”端，这就是触发器的置1功能。

3）R＝0、S＝1。由于R＝0，G1输出$\overline{Q}$＝1，此时G2的两个输入端为全1，输出Q＝0。

可见，在这种情况下，触发器状态必定为“0”态，而与电路原来的状态无关。R＝0就表示R端有信号输入，当R端有信号输入时，Q＝0。所以，R端叫做“置0”端，这就是触发器的置0功能。

4）R＝0、S＝0。显然，在这种情况下，Q＝1、$\overline{Q}$＝1，它破坏了触发器的功能。如果R＝0、S＝0之后同时变为R＝1、S＝1（即R、S端信号同时消失），则触发器的状态将是不确定的。所以，必须避免出现R＝0、S＝0的情况。在应用基本RS触发器时，不允许R及S端同时为0。

根据输入、输出之间的关系可以写出基本RS触发器的真值表，见表2-1。表中的“不定”表示R、S同时加信号时，Q＝1、$\overline{Q}$＝1，当触发信号同时消失后，触发器状态是不确定的。

“与非”型基本RS触发器的逻辑符号如图2-2所示。其中，输入端带小圆圈表示低电平触发；输出端不带小圆圈表示Q端，带小圆圈表示$\overline{Q}$端。

表2-1 基本RS触发器真值表

R	S	Q	$\overline{Q}$
0	0	不定	
0	1	0	1
1	0	1	0
1	1	不变	

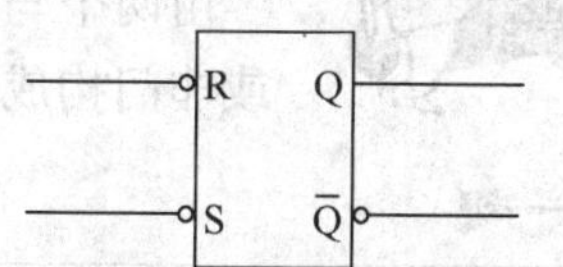

图2-2 “与非”型RS触发器的逻辑符号

2. “或非”型基本RS触发器

“或非”型基本RS触发器如图2-3a所示。它由两个“或非”门交叉耦合组成。

按照“或非”门的逻辑功能，“有1出0，全0出1”，“或非”型基本RS触发器的功能如下：

1）当R＝0、S＝0时，触发器维持原来的状态。

2）当R＝1、S＝0时，不论触发器原来的状态是什么，G2的一个输入端R＝1，则Q＝0；而G1两个输入端Q、S全为0，所以$\overline{Q}$＝1，即触发器被置“0”。

3）当R＝0、S＝1时，触发器被置“1”。

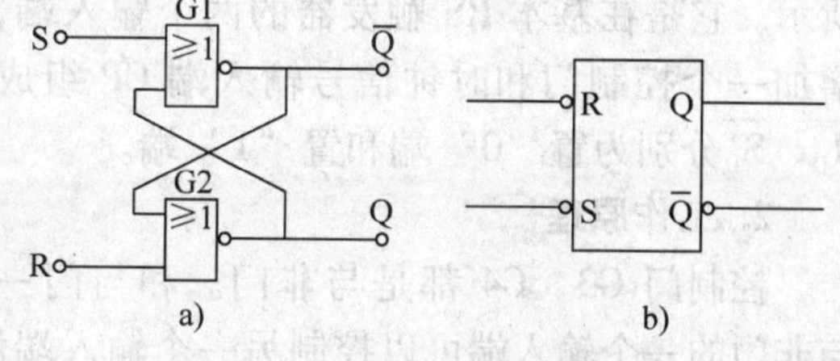

图2-3 “或非”型基本RS触发器

a）逻辑电路 b）逻辑符号

4）当R＝1、S＝1时，G1、G2都有一个输入端为1，所以Q＝0、$\overline{Q}$＝0。如果输入端由R＝1、S＝1同时变为R＝0、S＝0，则触发

器状态是不确定的。因此必须避免 R=1、S=1 的情况出现。

可见，“或非”型RS触发器是高电平触发（或输入高电平有效），它的逻辑符号如图2-3b所示，真值表见表2-2。表中的“不定”表示 R=1、S=1 同时消失后触发器状态不定。

例1 设“与非”型基本RS触发器的输入信号波形如图2-4所示，试在输入信号波形下面画出 Q、$\overline{Q}$端的信号波形。

表 2-2 “或非”型基本 RS 触发器真值表

R	S	Q	$\overline{Q}$
0	0	不变	
0	1	1	0
1	0	0	1
1	1	不定	

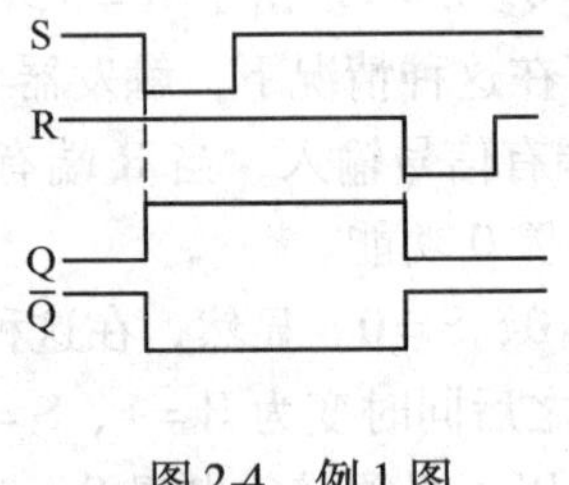

图2-4 例1图

解 根据“与非”型基本RS触发器的逻辑功能，可直接画出 Q、$\overline{Q}$端波形如图2-4所示。图中设触发器的初态为 Q=0、$\overline{Q}$=1。

触发器和门电路有哪些联系和区别？在输出形式上有何不同？由两个与非门构成的基本RS触发器有几种功能？你能否用两个或非门构成基本RS触发器？

二、同步RS触发器

基本RS触发器的特点是输入信号可以直接控制触发器状态的翻转，而在实际应用中通常要求按一定的时间节拍控制触发器状态的翻转。为此增设一个时钟控制输入端CP，只有CP端出现时钟脉冲时，触发器才能动作。这种用时钟脉冲控制的触发器称为同步触发器。

1. 电路组成

同步RS触发器的电路及逻辑符号如图2-5所示。它是在基本RS触发器的两个输入端，各增加一个控制门和时钟信号输入端CP组成的，$\overline{R_D}$、$\overline{S_D}$分别为置“0”端和置“1”端。

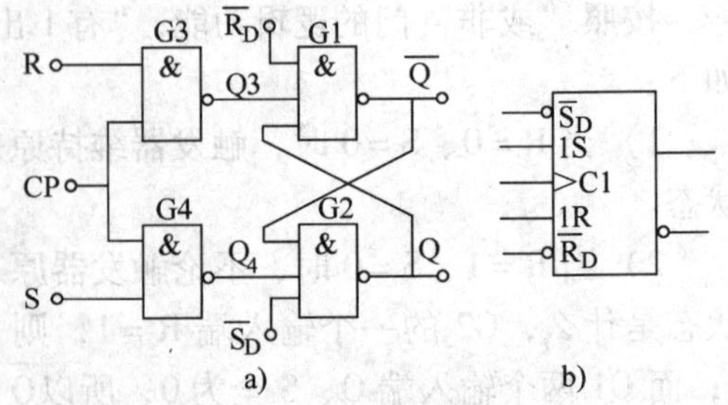

图2-5 同步RS触发器
a）逻辑电路 b）逻辑符号

2. 工作原理

控制门G3、G4都是与非门。和与门一样，与非门的一个输入端可以控制另一个输入端信号的通过。以CP端作为控制端，当CP=0时，G3、G4被封锁“1”，它表示R端或S端的信号不能通过G3、G4；当CP=1时，G3、G4开放，它表示R端或S端的信号能通过，但G3、

G4 的输出分别是$\overline{R}$、$\overline{S}$。

（1）CP = 0 期间 G3、G4 被封锁，$Q_3 = 1$、$Q_4 = 1$，触发器维持原来的状态不变。

（2）CP = 1 期间

1）R = 0、S = 0，$Q_3 = 1$、$Q_4 = 1$，触发器维持原来的状态不变。

2）R = 0、S = 1，$Q_3 = 1$、$Q_4 = 0$，触发器被置“1”，$Q = 1$、$\overline{Q} = 0$。

3）R = 1、S = 0，$Q_3 = 0$、$Q_4 = 1$，触发器被置“0”，$Q = 1$、$\overline{Q} = 1$。

4）R = 1、S = 1，$Q_3 = 0$、$Q_4 = 0$，这是不允许出现的。

3. 特性表、特性方程及状态图

同步 RS 触发器的真值表，见表 2-3。表中 Q^n、Q^{n+1} 分别表示 CP 脉冲作用前、后触发器 Q 端的状态。Q^n 称为原态，Q^{n+1} 称为现态。表 2-3 表示输入状态、触发器的原态与现态之间的关系，又称为特性表。

表 2-3 同步 RS 触发器特性表

CP	R	S	Q^n	Q^{n+1}
1	0	0	0	0
1	0	0	1	1
1	0	1	0	1
1	0	1	1	1
1	1	0	0	0
1	1	0	1	0
1	1	1	0	不定
1	1	1	0	不定

由表 2-3 可以写出 Q^{n+1} 的逻辑表达式，即

$$
\begin{aligned}
Q^{n+1} &= \overline{R}\,\overline{S}Q^n + \overline{R}S\,\overline{Q^n} + \overline{R}SQ^n \\
&= \overline{R}\,\overline{S}Q^n + \overline{R}S\,\overline{Q^n} + \overline{R}SQ^n + \overline{R}SQ^n \\
&= \overline{R}Q^n(\overline{S} + S) + \overline{R}S(\overline{Q^n} + Q^n) \\
&= \overline{R}Q^n + \overline{R}S
\end{aligned}
$$

由于 R = 1、S = 1 是不允许出现的，这种情况可以用逻辑式 RS = 0 表示。因此 Q^{n+1} 的逻辑表达式可以进一步化简，有：

$$
\begin{aligned}
Q^{n+1} &= \overline{R}Q^n + \overline{R}S + RS \\
&= S + \overline{R}Q^n
\end{aligned}
$$

因此，表 2-3 的逻辑表达式可表示为

$$
\begin{cases}
Q^{n+1} = S + \overline{R}Q^n \\
RS = 0
\end{cases}
$$

上式也称为特性方程，它以逻辑表达式的形式表示了同步 RS 触发器的逻辑功能。

触发器的转换规律也可以用图形的方式形象地表示出来。这种图形就称为状态转换图，简称状态图。同步 RS 触发器的状态图如图 2-6 所示。

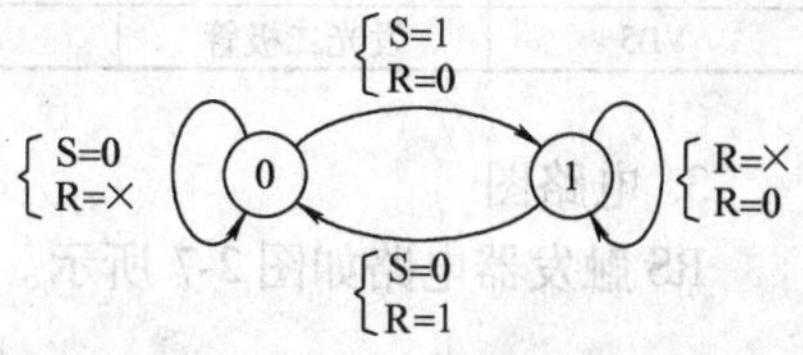

图 2-6 同步 RS 触发器的状态图

分析触发器逻辑功能的时候，经常要用到特性表、特性方程和状态图。

钟控 RS 触发器的触发方式如何？你能根据电路图说出在 CP = 0 期间触发器为何状态不变的道理吗？

技能训练6 基本RS触发器的组装与测试

一、训练目的

1. 熟悉基本RS触发器电路的特点和工作原理。
2. 掌握用与非门构建RS触发器的基本方法和测试技能。

二、训练器材

1. 工具及仪表

电子钳、电烙铁、镊子等常用电子组装工具1套，焊锡若干；+15V稳压电源1台、万用表1块，直流毫安表（0~30mA）1块；直流微安表（0~130μA）1块；电子管直流电压表1块。

2. 元器件

元器件明细见表2-4。

表2-4 元器件明细

代号	名称	规格	代号	名称	规格
R_1	碳膜电阻器	47kΩ	VD6	发光二极管	ϕ3 绿色
R_2	碳膜电阻器	47kΩ	IC1	集成电路	7805
R_3	碳膜电阻器	1kΩ	IC2	集成电路	CD4011
R_4	碳膜电阻器	1kΩ	S1	干簧管	$\phi2.5\times20$
C_1	电解电容器	220μF/16V	S2	干簧管	$\phi2.5\times20$
C_2	涤纶电容器	0.47μF	T	变压器	AC220V/9V
C_3	电解电容器	100μF/16V	电源线及插头		
C_4	涤纶电容器	0.33μF	万能电路板		
VD1	二极管	1N4001	焊料、助焊剂		
VD2	二极管	1N4001	绝缘胶布		
VD3	二极管	1N4001	多股软导线		
VD4	二极管	1N4001	紧固件 M4×15(4套)		
VD5	发光二极管	ϕ3 红色	14Pin 集成电路插座(1个)		

3. 电路图

RS触发器电路如图2-7所示。

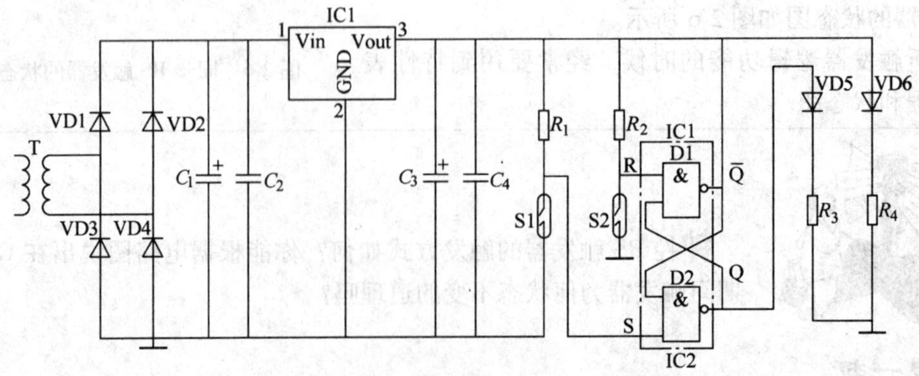

图2-7 RS触发器电路

三、训练内容及步骤

1. 配齐元器件（并对元器件进行测试）

2. 装配万能电路板

1）电阻器、二极管（发光二极管除外）、干簧管均采用水平安装方式，元器件底部应距万能电路板5mm，色标法电阻的色环标志顺序方向保持一致。干簧管引脚弯折加工时，不能紧贴根部弯折，以免损坏封装玻璃壳体。

2）电容器、7805、发光二极管应采用垂直安装方式，高度要求为元器件的底部距离万能电路板8mm。

3）集成电路插座应紧贴万能电路板安装，并注意缺口方向。

4）所有焊点均采用直脚焊，焊接完成后剪去多余引脚，留头在焊面以上0.5～1mm，且不能损伤焊接面。

5）万能电路板布线多采用绝缘多股导线连接，此时应注意合理选配颜色；连接时应防止出现短路。

6）在电源输出和负载之间设置一个缺口，供调试电源时使用。

3. 总装

1）按照图2-7所示电路进行安装。

2）将电源变压器用螺钉紧固在万能电路板的元器件面，一次绕组的引出线向外，二次绕组的引出线向内；万能电路板的另外两个角上也固定两个螺钉，紧固件的螺母均应安装在焊接面上。

3）电源线从万能电路板焊接面穿过孔Q后，可以在元器件面打结，然后再与变压器一次绕组引出线焊接并完成绝缘恢复，变压器二次绕组引出线插入安装孔后再进行焊接。

4. 调试

1）对照电路图，检查装配焊接的正确性。

2）接通电源，测得的直流输出电压应为5V。

3）断电后插上集成电路，检查负载端有无短路现象，正常后将电源缺口封上。

4）接通电源，手拿磁钢依次靠近两根干簧管S1和S2，则VD5、VD6交替点亮。

5）用万用表检测VD5、VD6点亮和熄灭时对应RS触发器的输出端，即CD4011的D1和D2输出端Q和$\overline{Q}$的电压值，并将结果记录在表2-5中。

表2-5 测量数据记录

对地电压/V \ 干簧管状态	RS触发器输出端	
	Q输出端	$\overline{Q}$输出端
S1闭合,S2分断		
S1分断,S2闭合		

5. 注意事项

通电前，首先检查电源部分是否正确；然后检查交流220V接线是否安全。

第二节 JK 触发器

JK 触发器的结构有多种，国内生产的主要是主从型 JK 触发器和边沿 JK 触发器。

一、主从 JK 触发器

1. 逻辑电路

主从 JK 触发器的逻辑电路如图 2-8a 所示，逻辑符号如图 2-8b 所示，图中 R_D、S_D 为触发器的直接复位端和直接置位端。

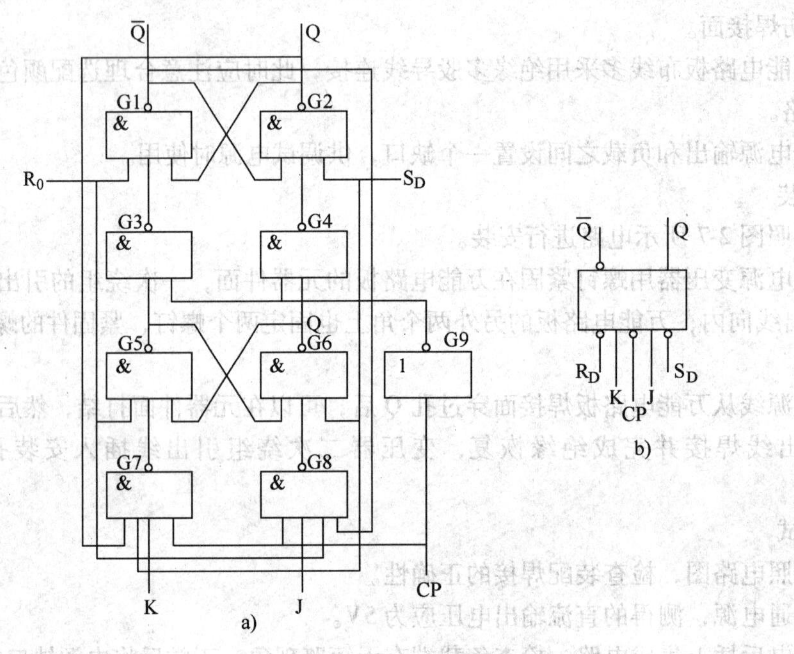

图 2-8 主从 JK 触发器

a）逻辑电路 b）逻辑符号

由于同步 RS 触发器不允许 R = S = 1 的输入状态，而主从 JK 触发器将 Q 和 $\overline{Q}$ 反馈到 G7 和 G8，在 CP = 1 时，G7 和 G8 的输入端不会出现输入同时为 1 的情况。因此，主从 JK 触发器解决了输入端不能同时为 1 的约束问题，即 J、K 可以同时为高电平。

2. 工作原理

1）J = K = 0 时，触发器 J 端和 K 端输入的低电平分别把 G7 和 G8 关闭，输入时的时钟脉冲 CP 对这两个门不起任何作用，触发器保持原来的状态，即 $Q^{n+1} = Q^n$。

2）J = 0，K = 1 时，G8 被 J 端输入的低电平关闭，而 G7 的状态如何取决于除 K 端之外其他输入端的情况。

如果触发器原来处于 0 态，即 $Q^n = 0$；$\overline{Q^n} = 1$，G7 被 Q^n 的低电平关闭。由于 G7 和 G8

都处于关闭状态，触发器保持0态，即 $Q^{n+1}=0$，$\overline{Q^{n+1}}=1$。

如果触发器原来处于1态，即 $Q^n=1$，$\overline{Q^n}=0$，G7除CP输入端外，其他两个输入端全为高电平。当时钟脉冲CP到来时，G7开启，主触发器被置0；在CP跳变到低电平的瞬间，从触发器翻转为0态，即触发器从1态变为0态，$Q^{n+1}=0$，$\overline{Q^{n+1}}=1$。

总之，在 $J=0$，$K=1$ 的条件下，无论触发器原来是0态还是1态，在时钟脉冲CP下降沿到来时，触发器都置0，实现了置0功能。

3）$J=1$，$K=0$ 时，如果触发器处于0态，即 $Q^n=0$，$\overline{Q^n}=1$，G7被关闭，G8被开启，在脉冲CP下降沿到来时，触发器被置为1态。

如果 $Q^n=1$，$\overline{Q^n}=0$，G7、G8都被关闭，触发器的状态将保持不变，仍为1。

总之，在 $J=1$，$K=0$ 条件下，无论触发器原来是0态还是1态，在时钟脉冲CP下降沿到来时，触发器都置1，实现了置1功能。

4）$J=K=1$ 时，$CP=1$ 期间，G7或G8被开启，主触发器的状态将取决于反馈输入的 Q^n、$\overline{Q^n}$。

如果触发器原来处于0态，即 $Q^n=0$，$\overline{Q^n}=1$，G7被 $Q^n=0$ 关闭，G8被 $\overline{Q^n}=1$ 开启，所以主触发器被置为1态。当时钟脉冲CP下降沿到来时，从触发器也要变为1态。

总之，在 $J=K=1$ 条件下，在CP下降沿过后，触发器的状态都要改变一次，实现计数翻转的功能，即 $Q^{n+1}=\overline{Q^n}$。

综上分析，主从JK触发器具有时钟脉冲控制下的保持、置0、置1和翻转的功能，是一种逻辑功能比较齐全的触发器。

3. 特性表

主从JK触发器的特性表见表2-6。JK触发器状态图如图2-9所示。

表2-6 JK触发器特性表

J	K	Q^n	Q^{n+1}	功能
0	0	0	0	保持
0	0	1	1	
0	1	0	0	置0
0	1	1	0	
1	0	0	1	置1
1	0	1	1	
1	1	0	1	翻转
1	1	1	0	

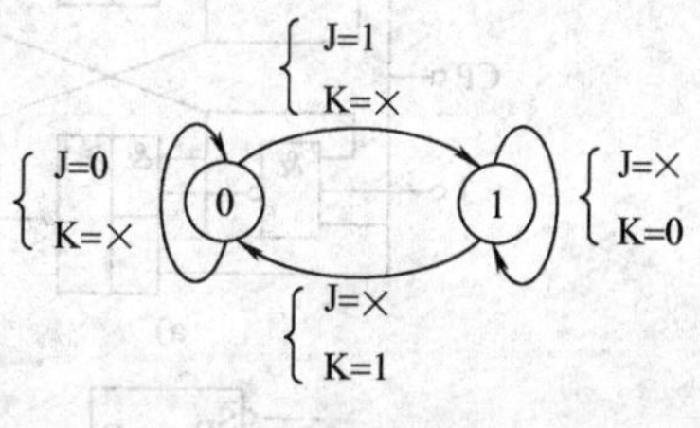

图2-9 JK触发器状态图

4. 特性方程式

$$Q^{n+1}=J\overline{Q^n}+\overline{K}Q^n$$

在有些场合，已知输入信号J、K和CP的波形，根据触发器的逻辑功能画出Q和$\overline{Q}$的波形是比较直观的。对于主从JK触发器来说，画工作波形时要注意，触发器的状态改变发生在时钟脉冲CP的下降沿时刻，在其他任何瞬时，触发器的状态都不会改变。

5. 一次空翻问题

主从 JK 触发器在 CP = 1 期间虽然从触发器被封锁，J、K 的变化不会影响从触发器的状态，但是能引起主触发器状态的变化。由于 J、K 信号的变化，使主触发器可能产生翻转，并且只能翻转一次的现象，称为“一次翻转”现象。

为了保证触发器可靠工作，使用脉冲宽度较小的窄脉冲作为时钟脉冲 CP，可提高触发器的抗干扰能力。

主从 JK 触发器为什么会产生一次翻转问题?

二、边沿 JK 触发器

为解决主从触发器的一次翻转问题，为在主从触发器的基础上，解决 CP 脉冲作用期间输入信号变化对触发器的影响，采用了边沿 JK 触发器。

1. 电路组成

边沿 JK 触发器的逻辑电路如图 2-10a 所示，它由两个与或非门和两个与非门组成。为便于分析问题，将与或非门分解为与门和或非门，从而得到图 2-10b 所示电路。图 2-10c 为 JK 触发器的逻辑符号。

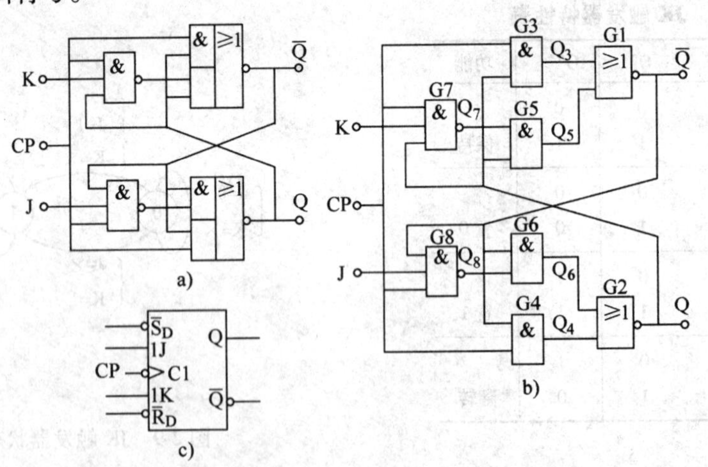

图 2-10 边沿 JK 触发器

a）简化的逻辑电路 b）逻辑电路 c）逻辑符号

2. 工作原理

假设触发器的初始状态为 Q = 0、$\overline{Q}$ = 1。

当 CP=0 时，G3、G4、G7、G8 均被封锁，J、K 的任何值均不起作用，各个门的输出状态为：$Q_3=Q_4=0$、$Q_7=Q_8=1$，而 $Q_5=0$、$Q_6=1$，所以触发器维持原来的状态不变，即 $Q=0$、$\overline{Q}=1$。

当 CP 由“0”变为“1”时，有两条信号通道能影响触发器的状态：一条是 G3、G4 开放，直接影响触发器的状态；另一条是 G7、G8 开放，再通过 G5、G6 影响触发器的状态。但是，前者的影响比后者要快得多。由于 Q=0，G3、G5 被封锁，CP 的变化通过 G4 使 $Q_4=1$。因此 Q 维持“0”状态，继续封锁 G3、G5，从而保持 $Q_3=Q_5=0$，$\overline{Q}=1$。触发器维持原状态不变。

在 CP=1 期间，$Q_4=1$，则 $Q=0$，$Q_3=Q_5=0$，$\overline{Q}=1$，触发器依然维持原状态不变。

在此期间，如果 J=1、K=0，则各个门的输出状态为：$Q_7=1$、$Q_8=0$、$Q_6=0$、$Q_4=1$，即 CP=1 期间，G7、G8 开放，为接收输入信号 J、K 做好准备。

当 CP 由“1”变为“0”时，Q_4 由 1 变 0，则 $Q=1$，使 $Q_5=1$，$\overline{Q}=0$，触发器翻转。虽然 CP 变为“0”后，G7、G8、G3、G4 被封锁，$Q_7=Q_8=1$，但由于与非门的传输延迟时间比与门长（在制造工艺上予以保证），Q_7 和 Q_8 这一新状态的稳定是在触发器翻转之后，CP 变为“0”后，则将触发器封锁而维持翻转后的状态不变。

同理，对于 J、K 的其他值，可以分析得到：

J=0、K=0 时，触发器维持原状态。

J=0、K=1 时，触发器置“0”。

J=1、K=1 时，触发器状态翻转一次。

总之，这种边沿 JK 触发器在 CP=0、CP 由“0”变为“1”、CP=1 期间，输入信号均不起作用，触发器维持原来的状态不变。只有当 CP 信号由“1”变为“0”时，触发器状态才发生相应的变化。由于在 CP 下降沿到来后，G3、G4 的输出都为 0，因此 G5、G6 的输出状态在 CP 下降沿前的任何时刻只与 J、K 端的状态和 Q、$\overline{Q}$的状态有关，即能随 J、K 的变化而变化。

JK 触发器的特性表见表 2-7。

由特性表可以得到 JK 触发器的特性方程，即

$$\begin{aligned}Q^{n+1} &= \overline{J}\,\overline{K}Q^n + J\,\overline{\overline{K}Q^n} + J\,\overline{K}Q^n + JK\,\overline{Q^n}\\ &= J\,\overline{Q^n} + \overline{K}Q^n\end{aligned}$$

JK 触发器的状态图如图 2-11 所示。

表 2-7 JK 触发器特性表

CP	J	K	Q^n	Q^{n+1}
↓	0	0	0	0
↓	0	0	1	1
↓	0	1	0	0
↓	0	1	1	0
↓	1	0	0	1
↓	1	0	1	1
↓	1	1	0	1
↓	1	1	1	0

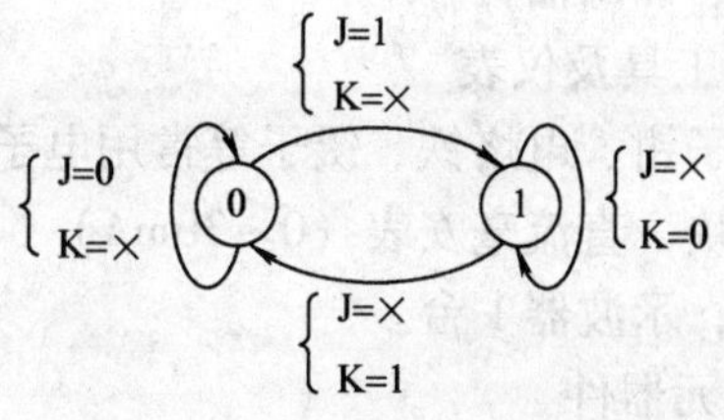

图 2-11 JK 触发器的状态图

例 2 已知 CP、J、K 的波形如图 2-12a 所示，试画出边沿 JK 触发器的状态波形图。

解 设边沿 JK 触发器的状态为 Q，并设触发器的初态为 0。

画出的边沿 JK 触发器状态波形如图 2-12b 所示。

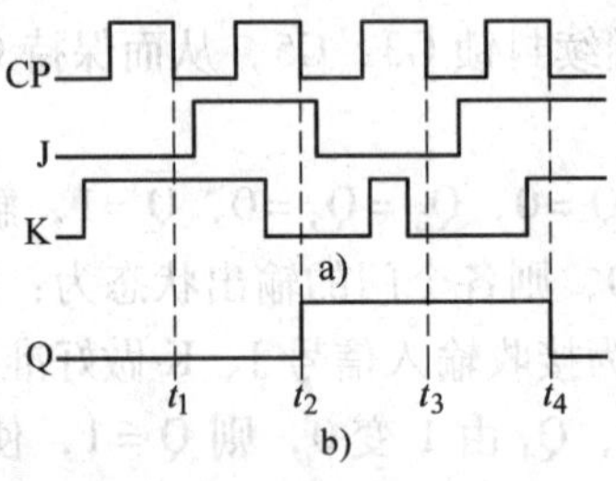

图 2-12 例 2 波形

想一想

边沿 JK 触发器为什么能够抑制一次翻转问题？

技能训练 7 JK 触发器的应用与调试

一、训练目的

1. 掌握 JK 触发器的工作原理。

2. 掌握 JK 触发器的安装方法和调试技能。

二、训练器材

1. 工具及仪表

电子钳、电烙铁、镊子等常用电子组装工具 1 套，焊锡若干；+15V 稳压电源 1 台、万用表 1 块，直流毫安表（0～30mA）1 块；直流微安表（0～130μA）1 块；电子管直流电压表 1 块；示波器 1 台。

2. 元器件

元器件明细见表 2-8。

表 2-8 元器件明细

代 号	名 称	规 格	代 号	名 称	规 格
R_1	碳膜电阻器	10kΩ	VL1	发光二极管	ϕ3 红
R_2	碳膜电阻器	5.1kΩ	VT1	晶体管	9013
R_3	碳膜电阻器	1kΩ	VT2	晶体管	9013
R_4	碳膜电阻器	1kΩ	VT3	晶体管	9013
R_5	碳膜电阻器	20MΩ	VT4	晶体管	9013
R_6	碳膜电阻器	1kΩ	VL2	发光二极管	ϕ3 红
R_7	碳膜电阻器	20kΩ	VL3	发光二极管	ϕ3 红
R_8	碳膜电阻器	1kΩ	VL4	发光二极管	ϕ3 红
R_9	碳膜电阻器	20kΩ	VL5	发光二极管	ϕ3 红
R_{10}	碳膜电阻器	1kΩ	IC1	集成电路	7806
R_{11}	碳膜电阻器	20kΩ	IC2	集成电路	555
RP	碳膜电位器	200kΩ	IC3	集成电路	CD4027
C_1	电解电容器	220μF/16V	T	变压器	AC220V/9V
C_2	涤纶电容器	0.47μF	电源线及插头		
C_3	涤纶电容器	0.33μF	万能电路板		
C_4	电解电容器	100μF/16V	焊料、助焊剂		
C_5	电解电容器	3.3μF/16V	绝缘胶布		
C_6	涤纶电容器	0.01μF	多股软导线		
VD1	二极管	1N4001	紧固件 M4×15(4 套)		
VD2	二极管	1N4001	14Pin 集成电路插座(1 个)		
VD3	二极管	1N4001	14Pin 集成电路插座(1 个)		
VD4	二极管	1N4001			

3. 电路组成

用 JK 触发器组成的五路灯光控制器电路如图 2-13 所示，其结构框图如图 2-14 所示。

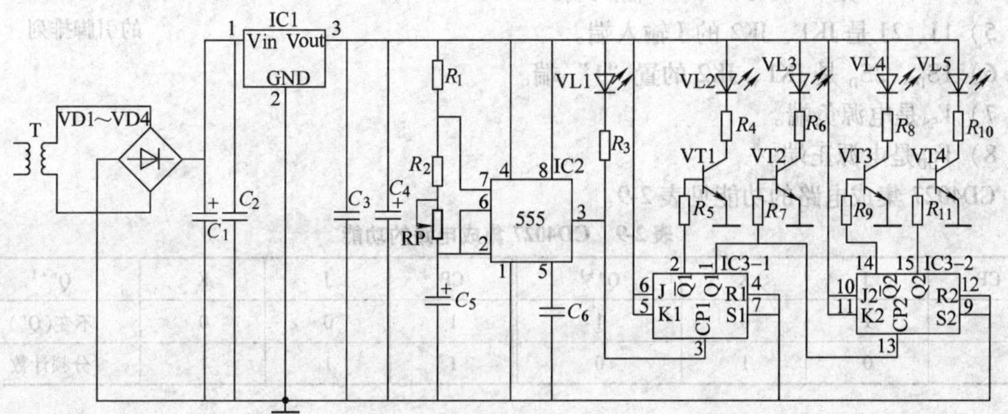

图 2-13 用 JK 触发器组成的五路灯光控制器电路

三、训练内容及步骤

1. 根据电路图分析工作原理

从图 2-13 中可以看出，IC3-1，IC3-2 都把 J 端和 K 端连接在一起，并都接到电源正极，即 J = K = 1，这样 IC3-1，IC3-2 均工作在分频计数状态，这样每来一个时钟脉冲 CP，触发器状态就翻转一次。

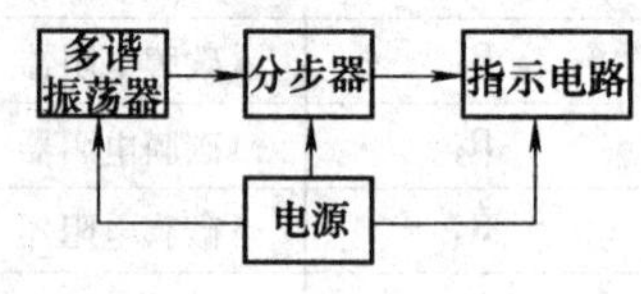

图 2-14 用 JK 触发器组成的五路灯光控制器结构框图

该电路以 IC2(555)集成电路为核心元件，组成多谐振荡器。由集成电路 IC2 第 3 脚输出的方波信号，送入 IC3-1 的 CP1（时钟信号）控制端。每当 CP1 端输入两个时钟脉冲，Q1 端输出的时钟脉冲送到 IC3-2 的 CP2 控制端，则 Q2 端输出的频率就是 IC2-3 脚输出的时钟脉冲信号即 CP1 的 1/4，从而实现了四分频。

与此同时，当 IC2(555)第 3 脚输出的时钟脉冲为低电平时，发光二极管 VL1 正向导通发光；当第 3 脚输出的时钟脉冲为高电平时，VL1 反向截止而熄灭，而 VL2、VL3 因 $\overline{Q}$、Q 端输出总是一个为高电平“1”，一个为低电平“0”。因而，两者交替发光闪烁，频率为 VL1 闪烁频率的 1/2（即二分频）。同理，VL4、VL5 的闪烁频率又为 VL2、VL3 闪烁频率的 1/2。

2. 根据表 2-8 配齐元器件，并进行检测

（1）CD4027　该器件为双上沿 JK 触发器，即在其内部集成了两个上沿触发翻转的 JK 触发器。其引脚排列如图 2-15 所示。

CD4027 的引脚介绍如下：

1）1Q、1 $\overline{Q}$、2Q、2 $\overline{Q}$分别为 JK1、JK2 的输出端。

2）1CP、2CP 分别为 JK1，JK2 的时钟脉冲信号输入端。数字系统中为协调各部分的工作，使某些触发器在接到“命令”以后同时动作，即要求各触发器状态的转换在时间上保持同步，而在系统中引入一个公共同步信号，以此使触发器只能在同步信号到达时才按输入信号改变输出状态，这种同步信号就是时钟脉冲信号。

3）$1R_D$、$2R_D$ 是 JK1、JK2 的置“0”端。

4）1K、2K 是 JK1、JK2 的 K 输入端。

5）1J、2J 是 JK1、JK2 的 J 输入端。

6）$1S_D$、$2S_D$ 是 JK1、JK2 的置“1”端。

7）V_{SS}是电源负端。

8）V_{DD}是电源正端。

引脚	名称	引脚	名称
1	1Q	16	V_{DD}
2	1$\overline{Q}$	15	2Q
3	1CP	14	2$\overline{Q}$
4	$1R_D$	13	2CP
5	1K	12	$2R_D$
6	1J	11	2K
7	$1S_D$	10	2J
8	V_{SS}	9	$2S_D$

图 2-15 CD4027 的引脚排列

CD4027 集成电路的功能见表 2-9。

表 2-9 CD4027 集成电路的功能

CP	J	K	Q^{n+1}	CP	J	K	Q^{n+1}
1	1	0	1	1	0	0	不变(Q^n)
1	0	1	0	1	1	1	分频计数

（2）检测元器件的质量好坏。

3. 万能电路板的装配

（1）绘制装配草图　根据图 2-13 画出该控制电路的装配草图。

（2）装配要求和方法

1）电阻器、二极管（发光二极管除外）均采用水平安装方式。高度要求是：元件的底部应距万能电路板 5mm，色标法电阻的色环标志顺序方向一致。

2）电容器、集成电路 7806、发光二极管采用垂直安装方式。高度要求是：元器件的底部应距万能电路板 8mm。

3）集成电路插座应紧贴万能板安装，并注意其缺口的朝向。将集成电路插入插座时，应避免插反及引脚未完全插入等现象。

4）所有焊点均采用直脚焊，焊接完成后剪去多余引脚，留头在焊面以上 0.5 ~ 1mm，且不能损伤焊接面。

5）万能电路板布线用绝缘多股软导线连接，应注意合理选配颜色，连接时防止出现短路。

6）在电源输出和负载之间设置一个缺口，供调试电源时使用。

（3）总装工艺要求　电源变压器用螺钉紧固在万能电路板的元件面，一次绕组的引出线向外，二次绕组的引出线向内，万能电路板的另外两个角上也固定两个螺钉，紧固件的螺母均安装在焊接面。电源线从万能电路板焊接面穿过 Q 孔后，在元件面打结，再与变压器一次绕组引出线焊接并完成绝缘恢复，变压器二次绕组的引出线插入安装孔后焊接。

4. 调试要求和方法

1）装配完成后，按照电气原理图和安装图对装配质量进行检查。

2）通电前要特别注意电源部分是否正确，交流 220V 电源是否安全。

3）检查无误后，先不要插入集成电路，而是通电检测电源输出电压是否为 6V。

4）断电后插上集成电路。检查负载端有无短路现象。应封上缺口后再进行通电测试，观察发光二极管 VL1 ~ VL5 的发光情况：VL2、VL3 交替发光，且亮灭周期是 VL1 亮灭周期的两倍；同理，VL4、VL5 也是交替发光，且亮灭周期是 VL2 或 VL3 亮灭周期的两倍。

第三节　D 触发器和 T 触发器

一、维持阻塞 D 触发器

1. 电路组成

维持阻塞 D 触发器如图 2-16 所示。图中与非门 G1、G2 组成基本 RS 触发器，G3、G4、G5、G6 四个与非门组成控制门。

2. 工作原理

CP = 0 时，G3、G4 被封锁，$Q_3 = Q_4 = 1$，触发器维持原来的状态不变。

CP 的上升沿到来时：

1）如果 D = 0，则 $Q_5 = 1$、$Q_6 = 0$，所以 $Q_3 = 0$、$Q_4 = 1$，触发器置“0”，$Q = 0$、$\overline{Q} = 1$。由于 $Q_3 = 0$，保证了 $Q_5 = 1$，即使 D 状态发生变化，也不能再进入触发器，“阻塞”了 D 端

信号进入触发器的通道，维持了 $Q_3=0$，使触发器处于0状态。所以G3输出端到G5输入端的连线叫做“置0维持线”。

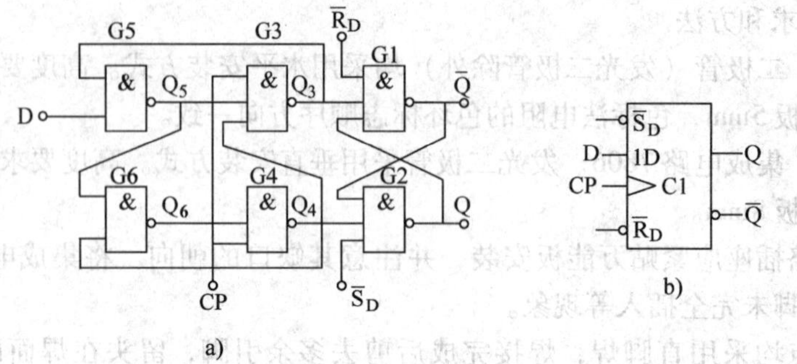

图2-16 维持阻塞D触发器

a）逻辑电路 b）逻辑符号

2）如果 D=1，则 $Q_5=0$，G3、G6被封锁，$Q_3=1$，$Q_6=1$。此时，G4开放，$Q_4=0$，触发器置“1”，$Q=1$、$\overline{Q}=0$。由于 $Q_4=0$ 封锁了G3，从而“阻塞”了G3输出置“0”信号，所以G4输出端到G3输入端的连线叫做“置0阻塞线”。另外，$Q_4=0$，使 $Q_6=1$，保证了在 CP=1 期间 $Q_4=0$，“维持”了触发器处于1状态。所以G4输出端到G6输入端的连线叫“置1维持线”。

由此可见，维持阻塞触发器是在CP上升沿来到时才接收D端信号，之后即使D端信号发生改变，触发器的状态也不受影响。所以，维持阻塞触发器是上升沿触发，又称为边沿D触发器。

综上所述，D触发器的逻辑功能见表2-10。

由特性表可以得到特性方程为

$$Q^{n+1}=D(\overline{Q^n}+Q^n)=D$$

D触发器的状态图如图2-17所示。

表2-10 D触发器的特性

CP	D	Q^n	Q^{n+1}
↑	0	0	0
↑	0	1	0
↑	1	0	1
↑	1	1	1

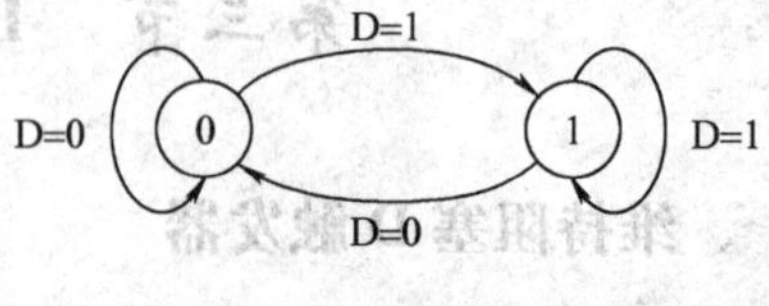

图2-17 D触发器的状态图

例3 画出维持阻塞D触发器在给定CP脉冲和D信号作用下的Q和$\overline{Q}$的波形。

解 维持阻塞D触发器的输出状态Q和$\overline{Q}$取决于控制端D的状态。但是触发器什么时候翻转到D端所规定的状态，则是由CP脉冲的上升沿决定的。Q和$\overline{Q}$波形如图2-18所示。图中设触发器的初态为

$$Q=0、\overline{Q}=1$$

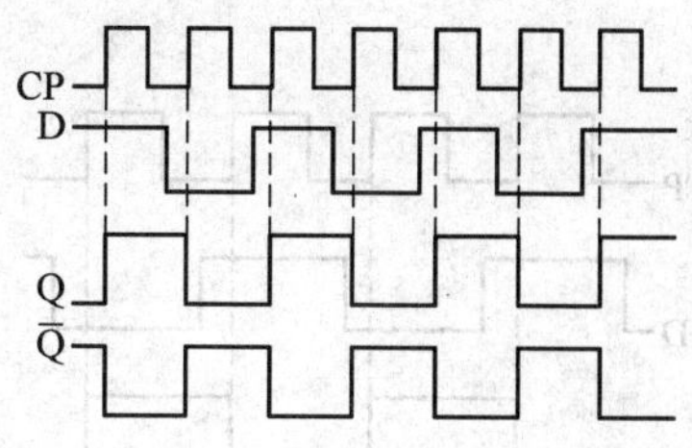

图 2-18　例 3 波形

如何解释维持阻塞 D 触发器的“维持”和“阻塞”？

二、主从 D 触发器

1. 电路组成

主从 D 触发器是在 JK 触发器的基础上构成的，且只需在 JK 触发器输入端之间加一个非门即可，其逻辑电路如图 2-19a 所示，逻辑符号如图 2-19b 所示。

2. 逻辑功能

主从 D 触发器的逻辑功能可用表 2-11 来描述。

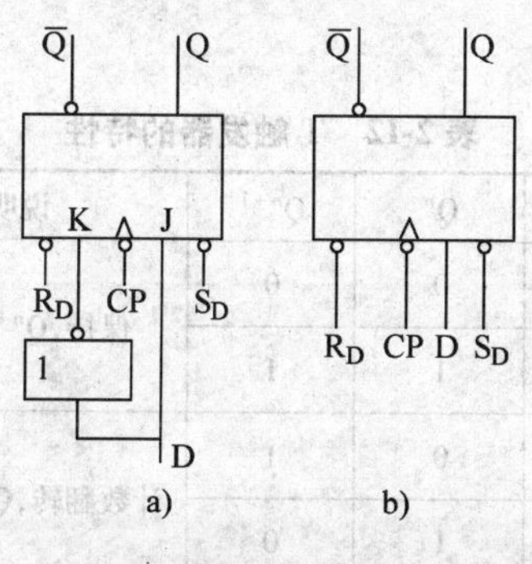

图 2-19　主从 D 触发器

a）逻辑电路　b）逻辑符号

表 2-11　主从 D 触发器的特性

D	Q^n	Q^{n+1}
0	0	0
0	1	0
1	0	1
1	1	1

由特性表可直接得到它的特性方程：$Q^{n+1}=D$。

主从 D 触发器的状态图如图 2-17 所示，即与 D 触发器的状态图相同。

主从 D 触发器应为时钟脉冲下降沿触发，它的工作波形如图 2-20 所示。

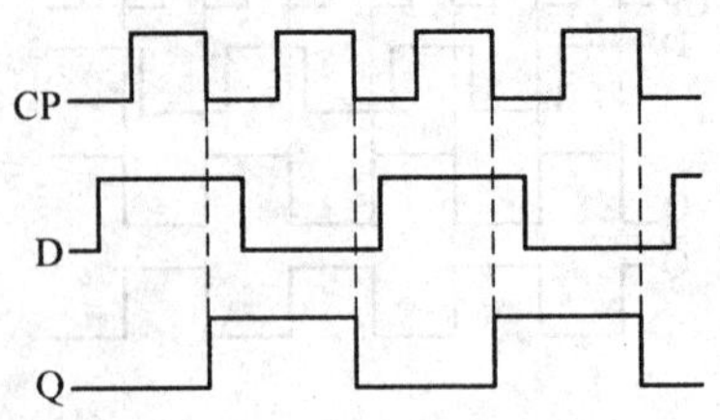

图 2-20　主从 D 触发器的波形

在逻辑图符号中，你是如何区别出某触发器是“电平”触发还是“边沿”触发的？又是如何判断某触发器输入端是高电平有效或是低电平有效的？

三、T 触发器和 T′触发器

1. T 触发器

（1）电路组成　只要将 JK 触发器的 J、K 端相连接，作为 T 输入端，就组成了一个 T 触发器，如图 2-21 所示。

（2）逻辑功能　由主从 JK 触发器的逻辑功能可知，T＝0 时，即 J＝K＝0 时，触发器应保持原态，即 $Q^{n+1}=Q^n$。

据此可得出 T 触发器的特性表，见表 2-12。

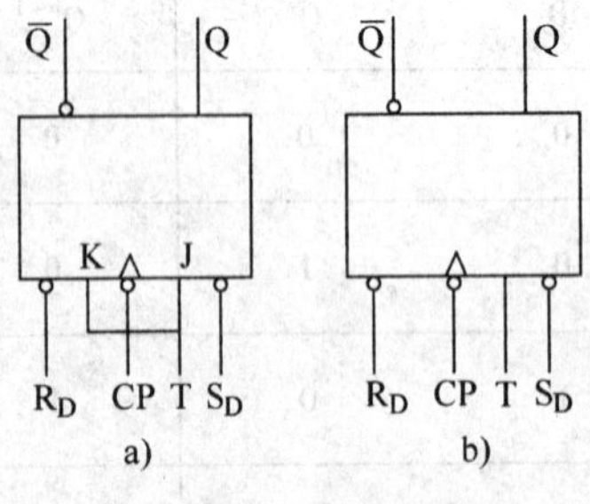

图 2-21　T 触发器

表 2-12　T 触发器的特性

T	Q^n	Q^{n+1}	说明
0	0	0	保持，$Q^{n+1}=Q^n$
0	1	1	
1	0	1	计数翻转，$Q^{n+1}=Q^n$
1	1	0	

由特性表可得出 T 触发器的特性方程，即

$$Q^{n+1}=\overline{T}Q^n+T\overline{Q^n}$$

T 触发器的状态图如图 2-22 所示。

T 触发器为下降沿触发，其工作波形实例如图 2-23 所示。

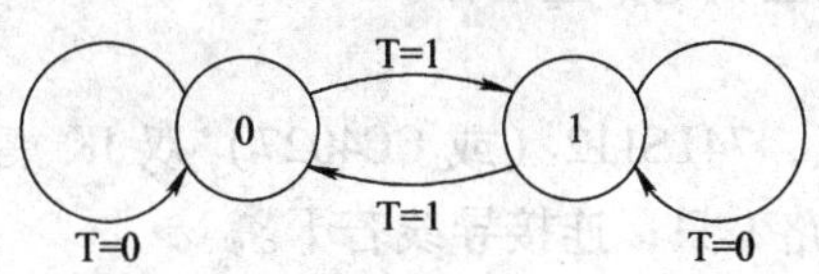

图 2-22 T 触发器的状态图

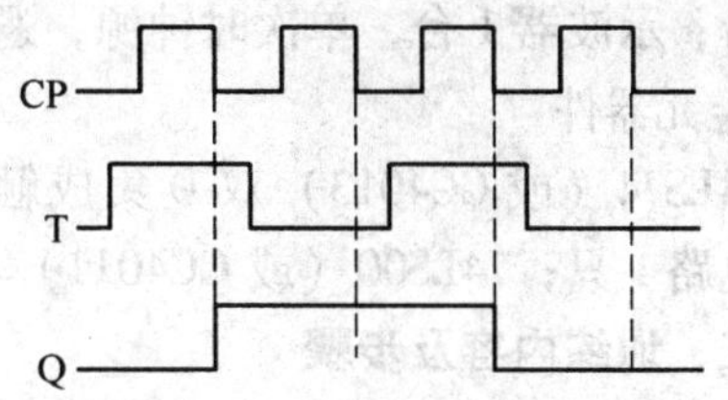

图 2-23 T 触发器的工作波形

2. T′触发器

在 T 触发器的基础上，只要将 T 输入端接高电平，就构成了 T′触发器，如图 2-24 所示。

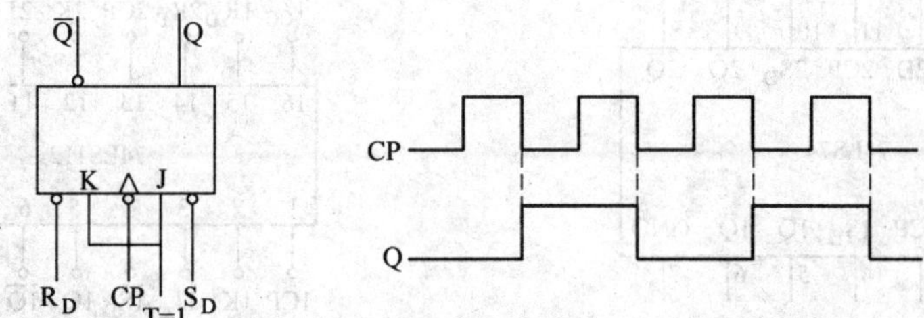

图 2-24 T′触发器

在 T 触发器的特性方程中，令 T = 1，得：

$$Q^{n+1} = \overline{T}Q^n + T\,\overline{Q^n} = \overline{Q^n}$$

在由 JK 触发器构成的 T 触发器有哪些功能？T′触发器的功能呢？

技能训练 8 D 触发器、T 触发器和 T′触发器的测试

一、训练目的

1. 掌握 D 触发器、T 触发器和 T′触发器的原理。
2. 掌握 D 触发器、T 触发器和 T′触发器测试技能。

二、训练器材

1. 工具及仪表

电子钳、电烙铁、镊子等常用电子组装工具 1 套，焊锡若干；+15V 稳压电源 1 台、万用表 1 块，直流毫安表（0 ~ 30mA）1 块；直流微安表（0 ~ 130μA）1 块；电子管直流电压

表1台；示波器1台，单次时钟源，逻辑电平开关和逻辑电平显示器。

2. 元器件

74LS74（或CC4013）双D集成触发器电路1只；74LS112（或CC4027）双JK集成触发器电路1只；74LS00（或CC4011）与非门集成电路1只；连接导线若干。

三、训练内容及步骤

1）根据要求，备齐元器件及测试设备。

2）测试D触发器的逻辑功能。需要注意的是，测试中要采用单次CP脉冲源。其中，74LS74双D触发器的引脚排列如图2-25所示。74LS112双JK集成触发器的引脚排列如图2-26所示。

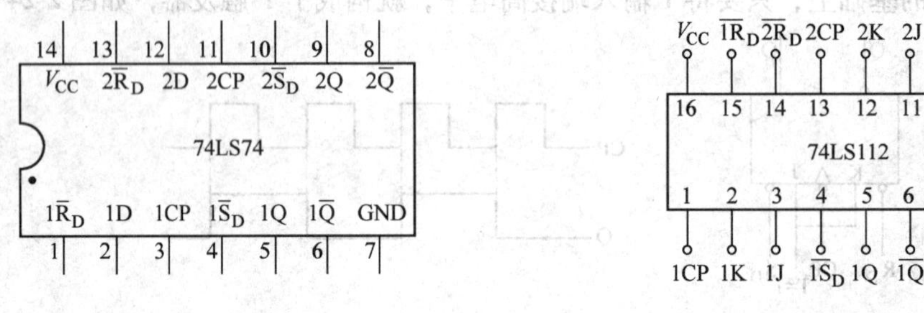

图2-25 74LS74双D触发器的引脚排列

图2-26 74LS112双JK集成触发器的引脚排列

测试D触发器的功能时只需对集成电路中标号相同的其中之一进行连接测试即可。输入均与逻辑电平输出插口相连，输出与逻辑电平输入插口相连，时钟脉冲连接单次CP脉冲源，分别观察上升沿和下降沿到来时的情况，并做好记录。

3）把D触发器的$\overline{Q}$端与输出端D相连，构成T′触发器，重新按照上述过程测试，并做好记录。

4）把JK触发器的JK两端子连接在一起构成T触发器进行测试，分别观察上升沿和下降沿到来时触发器的输出情况，并做好记录。

5）将上述T触发器的输入端恒输入为“1”时构成T′触发器，重新按照上述过程测试，并做好记录。

【阅读材料】 集成触发器及其应用

1. JK集成触发器

目前在实际应用中大都采用JK集成触发器。常用的集成芯片型号有下降沿触发的双JK触发器74LS112、上升沿触发的双JK触发器CC4027和共用置1、清0端的74LS276四JK触发器等。74LS112双JK触发器每片芯片包含两个具有复位、置位端的下降沿触发的JK触发器，通常用于缓冲触发器、计数器和移位寄存器电路中。图2-27所示为74LS112触发器管脚排列。

若芯片型号中含有74则表示该芯片为TTL集成芯片；含有CC或CD表示CMOS集成芯

片。

2. 集成D触发器

目前国内生产的集成D触发器主要是维持阻塞型，这种D触发器都是在脉冲的上升沿发生翻转的。常用的集成电路有74LS74双D触发器、74LS175四D触发器和74LS176六D触发器等。图2-28所示为常用的74LS74D触发器的引脚排列。

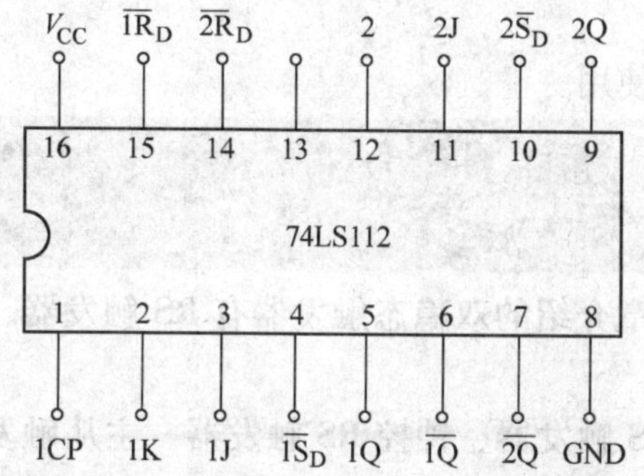

图2-27 74LS112触发器管脚排列

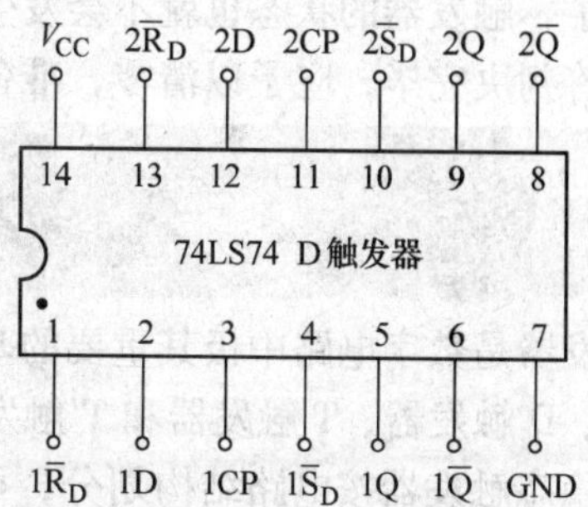

图2-28 74LS74D触发器的引脚排列

3. 集成触发器的应用——抢答器电路

如图2-29所示该抢答器电路，可供四人在知识竞赛中使用。电路中的主要器件CT74LSI75型四上升沿D触发器（其引脚排列见图2-29b），它的清零端$\overline{R}_D$或$\overline{C}_R$表示）和时钟脉冲C是D触发器共用的。

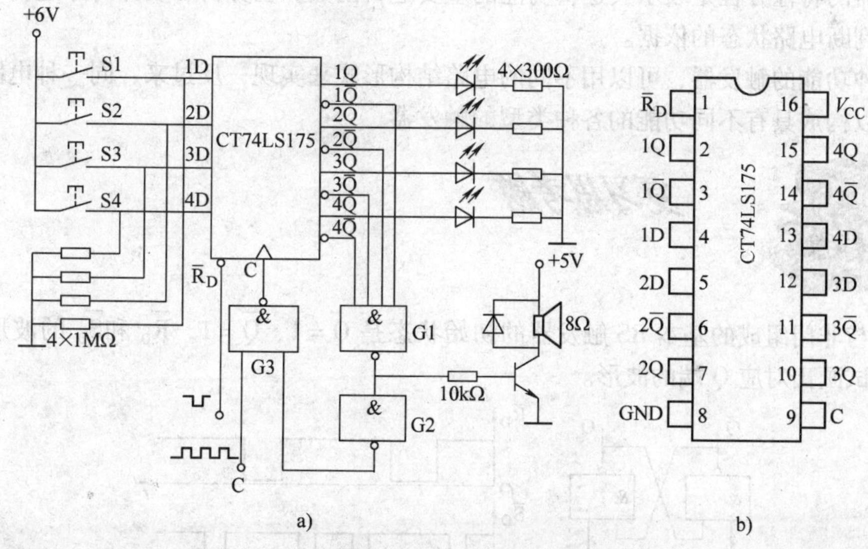

图2-29 四人抢答器原理电路

a）电路组成 b）引脚排列

开始工作后，首先在清零端加入负脉冲，使抢答器先清零，1Q～4Q均为“0”，相对应的发光二极管LED1～LED4都不亮；1$\overline{Q}$～4$\overline{Q}$均为“1”，与非门G1输出为“0”，扬声器不响。同时，G2 输出为“1”，将 G3 打开，时钟脉冲 C 可以经过 G3 进入 D 触发器的 C 端。此时，由于 S1 ~ S4 均未按下，1D ~ 4D 均为“0”，所以触发器状态不变。

抢答开始，若 S1 首先被按下，1D 和 1Q 均变为“1”，相对应的发光二极管亮；$1\overline{Q}$变为“0”，G1 的输出为“1”，扬声器发出响声。同时，G2 输出为“0”，将 G3 关闭，时钟脉冲 C 便不能经过 G3 进入 D 触发器。由于没有时钟脉冲，因此再接着按其他按钮，就不起任何作用了，触发器的状态也就不会发生改变。

抢答判决完毕，应予以清零，准备下次抢答时使用。

本章小结

触发器是数字电路中极其重要的基本单元。本章介绍的双稳态触发器有 RS 触发器、JK 触发器、D 触发器、T 触发器和 T′触发器。

双稳态触发器按电路结构划分，可分为基本 RS 触发器、钟控 RS 触发器、主从触发器和维持阻塞触发器等。基本 RS 触发器是组成各类触发器的基本单元。钟控 RS 触发器实用价值不大，主从触发器和维持阻塞触发器应用比较广泛。

双稳态触发器按触发方式划分，可分为电平触发和边沿触发两种。维持阻塞触发器为上升沿触发。主从触发器为下降沿触发。边沿触发器具有良好的抗干扰能力，得到极其广泛的应用。

触发器的逻辑功能可以用特性方程、特性表、状态转换图和时序波形图等多种方式描述。触发器的特性方程是表示其逻辑功能的重要逻辑函数，在分析和设计时序逻辑电路时常用来作为判断电路状态的依据。

同一种功能的触发器，可以用不同的电路结构形式来实现；反过来，同一种电路结构形式，也可以构成具有不同功能的各种类型的触发器。

复习思考题

1. 由与非门组成的基本 RS 触发器的初始状态是 $Q=1$、$\overline{Q}=1$，$\overline{R}_D$ 和$\overline{S}_D$ 的波形如图 2-30 所示，试画出对应 Q 端的波形。

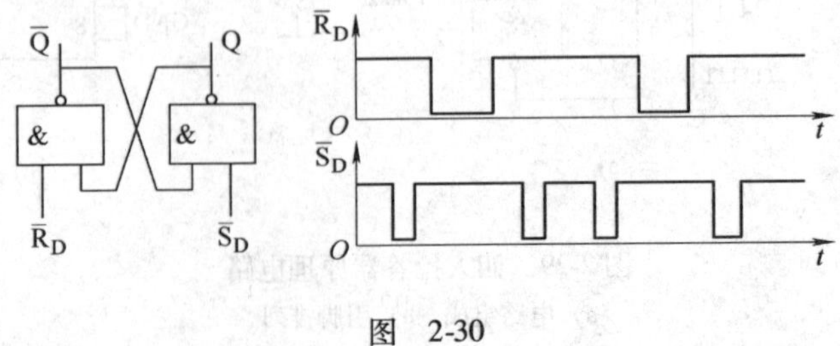

图 2-30

2. 由或非门组成的基本 RS 触发器的初始状态是 $Q=0$、$\overline{Q}=1$，R_D 和 S_D 的波形如图 2-31 所示，试画出对应 Q 端的波形。

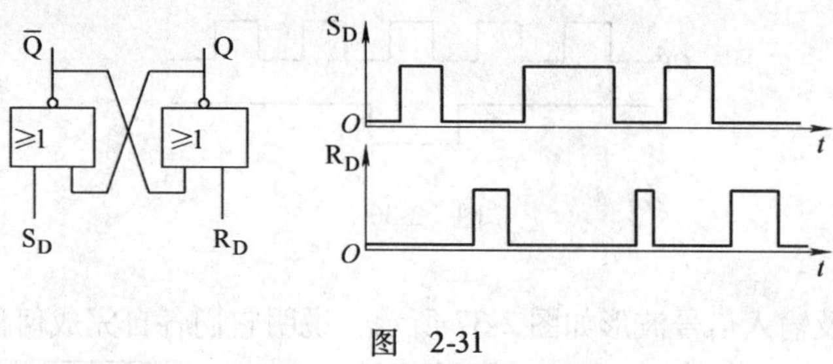

图 2-31

3. 同步 RS 触发器的初始状态是 Q = 0、$\overline{Q}$ = 1，R、S 端的信号波形 CP 波形如图 2-32 所示，试画出对应 Q、$\overline{Q}$端的波形。

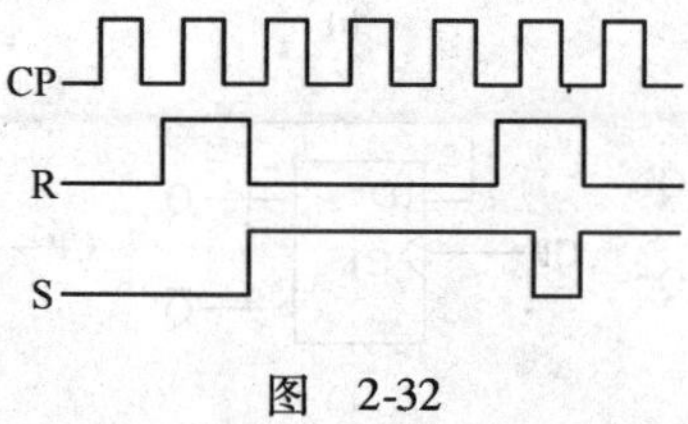

图 2-32

4. 边沿 JK 触发器（下降沿触发）输入波形如图 2-33 所示，试画出对应 Q、$\overline{Q}$端的波形。

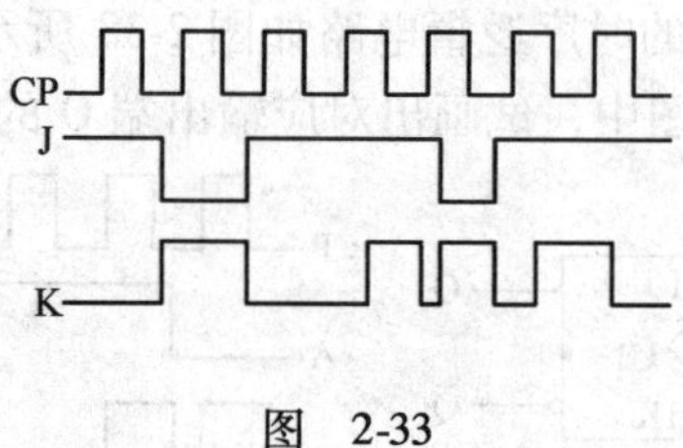

图 2-33

5. 如果主从 JK 触发器输入波形如图 2-34 所示，试画出对应 Q、$\overline{Q}$端的波形。

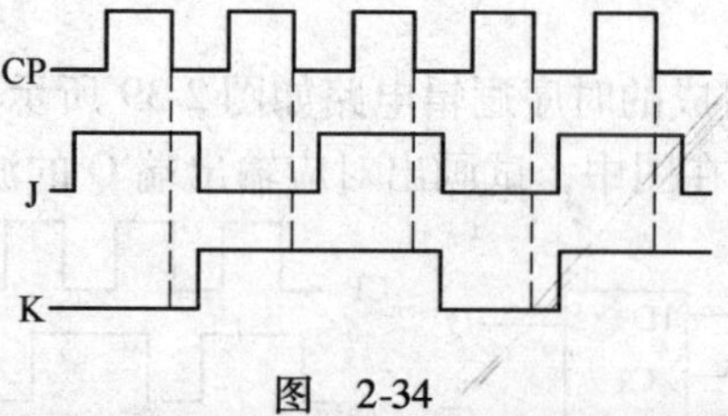

图 2-34

6. 如果主从 D 触发器的输入波形如图 2-35 所示，试画出对应 Q、$\overline{Q}$端的波形。

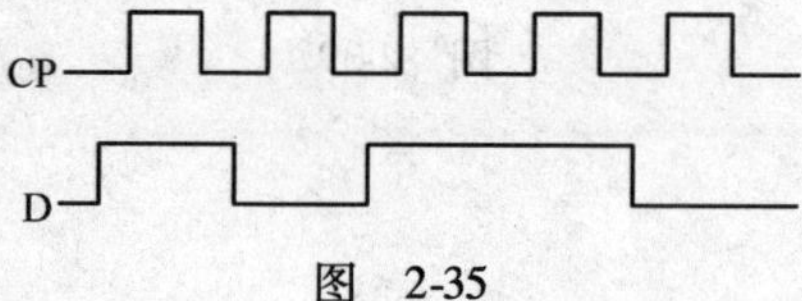

图 2-35

7. 如果主从 T 触发器的输入波形如图 2-36 所示，试画出对应 Q、$\overline{Q}$端的波形。

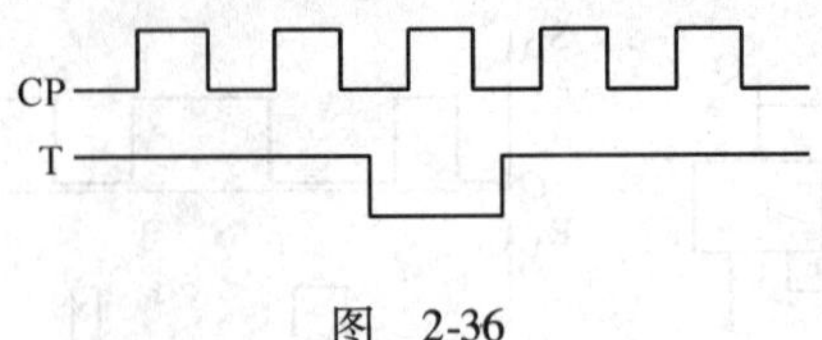

图 2-36

8. 各类触发器及输入信号波形如图 2-37 所示，说明它们各自完成何种逻辑功能？

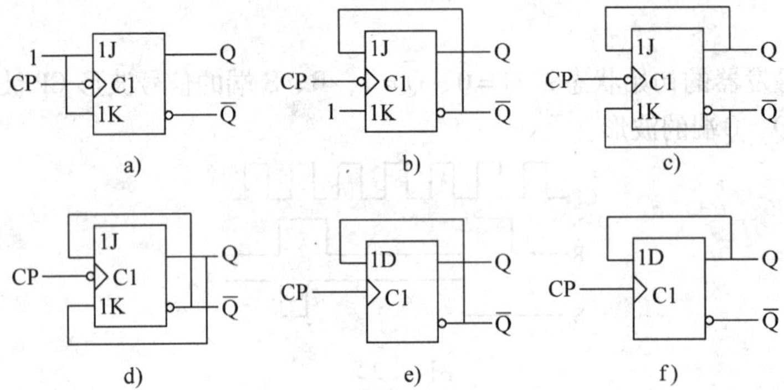

图 2-37

9. JK 触发器及门电路组成的时序逻辑电路如图 2-38 所示，设触发器初始状态 0，输入信号 A、B 和 CP 波形也表示在图中，试画出对应输出端 Q 的波形。

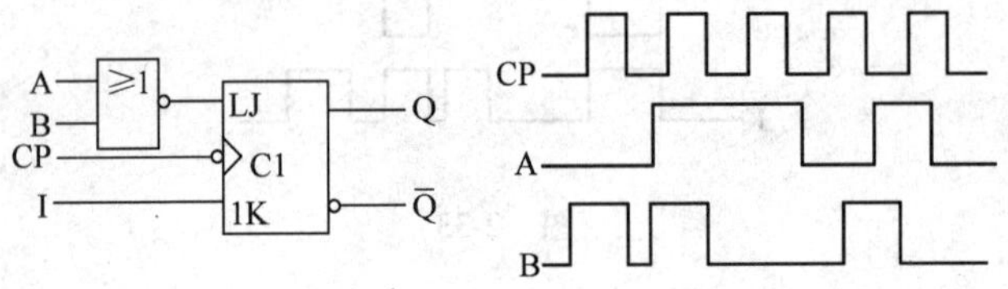

图 2-38

10. D 触发器及门电路组成的时序逻辑电路如图 2-39 所示，设触发器初始状态 0，输入信号 A、B 和 CP 波形也表示在图中，试画出对应输出端 Q 的波形。

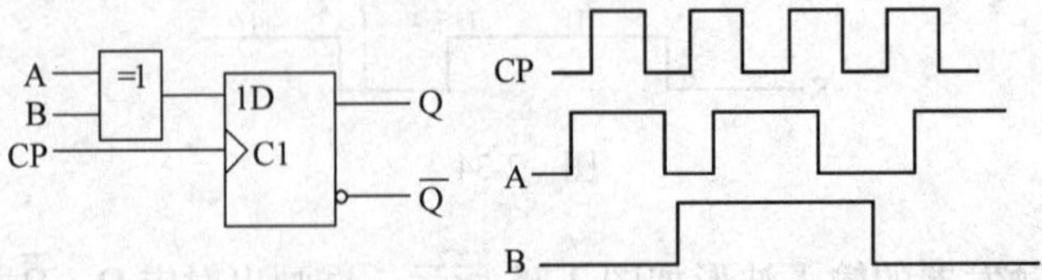

图 2-39

第三章 时序逻辑电路

学习目标

第一章讨论的内容是组合逻辑电路。除了组合逻辑电路外，在数字系统中还广泛使用着另外一种类型的电路，称为时序逻辑电路。与组合逻辑电路不同，时序逻辑电路的特点是，其任意时刻的输出信号不只是取决于当时的输入信号，而且还与电路原来的输出状态有关，或者说与以前的输出状态有关。

本章主要介绍寄存器、计数器等典型的逻辑电路。

本章的学习目标：

1. 掌握寄存器、计数器等典型逻辑电路的组成特点、工作原理。
2. 熟悉寄存器、计数器等典型逻辑电路的应用。
3. 掌握寄存器、计数器应用电路的安装和测试技能。

第一节 寄 存 器

寄存器是数字电路中最常用的逻辑部件之一，并已制成中规模系列化集成电路产品供用户直接选用。寄存器以触发器为基本单元，一般还要配合若干逻辑门电路组成，属于时序逻辑电路。寄存器具有能够接收、暂存和传递数码的特点，分为数码寄存器和移位寄存器两种类型。

一、数码寄存器

数码寄存器是最简单的寄存器，它只具有接收二进制数码（表示数据或控制指令等）和清除原有数码的功能。例如：从输入设备送来的二进制数码，先存放在输入寄存器中，然后再根据需要进行处理或运算。

一个触发器可以寄存和表示一位二进制数码，若要寄存 N 位二进制数码就需要 N 个触发器。此外为了实现数码的接收、输出和清零（清除原已存放的二进制数码），还必须有一定的控制电路与触发器配合。这些控制电路通常用逻辑门电路组成。

凡是具有置 0 和置 1 功能的触发器都可以构成数码寄存器。因此，数码寄存器可以用 RS、JK 或 D 等触发器组成。D 触发器构成的数码寄存器的逻辑结构如图 3-1 所示。

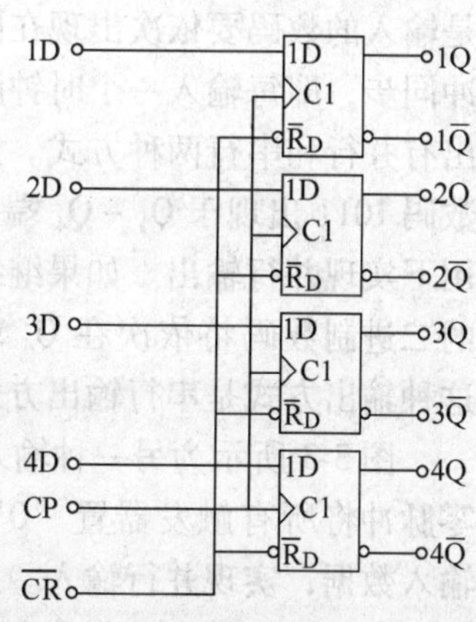

图 3-1 由 D 触发器构成的数码寄存器

图中，$\overline{CR}$为清零端，当$\overline{CR}=0$时，1Q～4Q 均为“0”态。寄存数码时$\overline{CR}=1$，在时钟脉冲 CP 上升沿到来后，输入端 1D～4D 的数码同时存入 1Q～4Q 之中。当$\overline{CR}=1$、CP=0 时，各触发器处于保持状态。

这种寄存器的特点是：各位待存数码是在正在接收正脉冲信号作用下同时存入寄存器的。我们把这种输入方式称为并行输入方式。又由于所寄存的数码在输出正脉冲的作用下同时出现在输出端，这种输出方式称为并行输出方式。

二、移位寄存器

移位功能就是在时钟脉冲 CP（称为移位脉冲）作用下，每一位触发器中所寄存的数码依次向左或向右移动一位。具有这种功能的寄存器就是移位寄存器。移位寄存器分单向移位寄存器和双向移位寄存器。移位寄存器在数字系统中应用较多，例如利用移位寄存器可进行乘法、除法等算术运算。

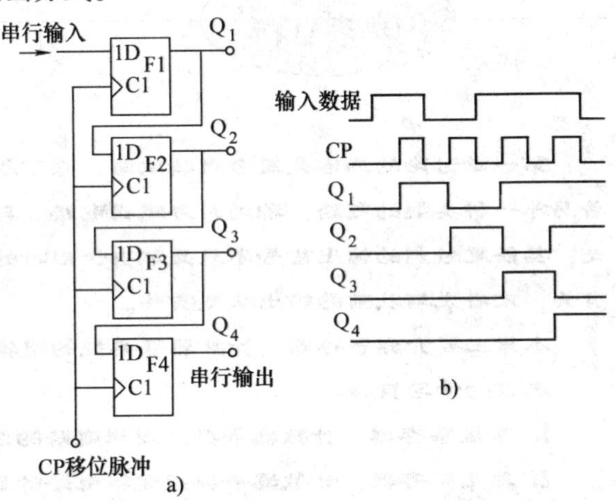

图 3-2 串行输入、串并行输出单向移位寄存器

a）单向移位寄存器 b）移位波形

1. 单向移位寄存器

只能沿一个方向（向左或向右）移位的寄存器称为单向移位寄存器。图 3-2a 所示为由 D 触发器组成的单向移位寄存器。当移位脉冲上升沿到来后，输入数据移入触发器 F1，而每个 D 触发器的状态移入下一级触发器，F4 的状态移出寄存器。假设各触发器初态均为 0，输入数据为 1011，则经过 4 个 CP 移位脉冲之后，1011 全部存入寄存器，移位波形如图 3-2b 所示。

这种移位寄存器的输入方式是串行输入方式。其特点是输入的数码要依次出现在同一条输入线上，且与时钟脉冲同步，即每输入一个时钟脉冲，就输入一位数码。其输出有并行和串行两种方式。当加入 4 个时钟脉冲后，输入数码 1011 出现于 Q_1～Q_4 端，这时可以在同一输出指令作用下实现并行输出。如果继续加入时钟脉冲，则寄存器中的二进制数码将依次在 Q_4 端输出，且与时钟脉冲同步。这种输出方式是串行输出方式。

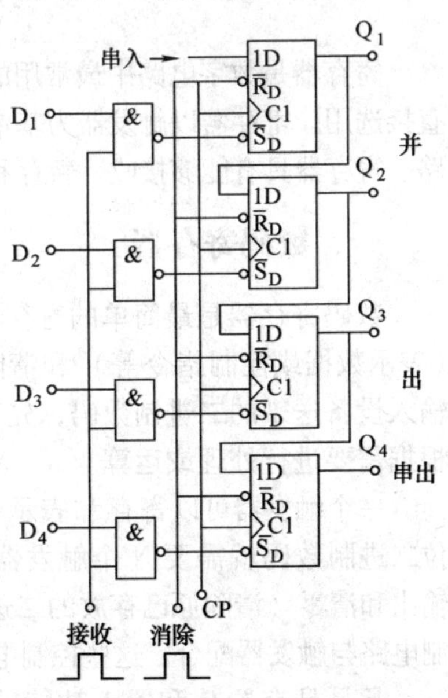

图 3-3 串并行输入、串并行输出移位寄存器

图 3-3 所示为另一种输入方式的移位寄存器。先用清零脉冲将所有触发器置“0”，再给接收脉冲，通过 S 端输入数据，实现并行输入。所以，图 3-3 也是一个串并行输入、串并行输出移位寄存器。

2. 双向移位寄存器

在许多应用场合，要求寄存器中储存的数码能够根据需要，实现既可以左移又可以右移的功能，这种寄存器称为双向移位寄存器。

图 3-4 所示为双向四位 TTL 型集成移位寄存器 74LS194，它具有双向移位，串、并行输入，保持数据和清除数据等功能。其引脚排列如图 3-5 所示。

图 3-4　移位寄存器 74LS194 的外形

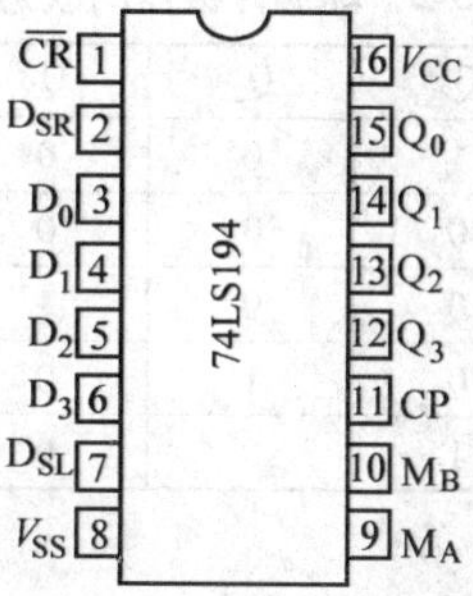

图 3-5　移位寄存器 74LS194 的引脚排列

现对 74LS194 各引脚功能说明如下：

$\overline{CR}$为清零端；S_0、S_1 为工作状态控制端（或称为操作模式控制端）；SL 为左移串行数据输入端；SR 为右移串行数据输入端；$D_0 \sim D_3$ 为并行数据输入端；$Q_0 \sim Q_3$ 为并行数据输出端；CP 为时钟脉冲；V_{CC}为电源；GND 为接地端。

移位寄存器 74LS194 的功能见表 3-1。

表 3-1　移位寄存器 74LS194 的功能

输入										输出				注　释
$\overline{CR}$	S_1	S_0	SR	SL	CP	D_0	D_1	D_2	D_3	Q_0^{n+1}	Q_1^{n+1}	Q_2^{n+1}	Q_3^{n+1}	
0	×	×	×	×	×	×	×	×	×	0	0	0	0	清零
1	×	×	×	×	0	×	×	×	×	Q_0^n	Q_1^n	Q_2^n	Q_3^n	保持
1	1	1	×	×	↑	D_0	D_1	D_2	D_3	D_0	D_1	D_2	D_3	并行输入
1	0	1	1	×	↑	×	×	×	×	1	Q_0^n	Q_1^n	Q_2^n	右移输入 1
1	0	1	0	×	↑	×	×	×	×	0	Q_0^n	Q_1^n	Q_2^n	右移输入 0
1	1	0	1	×	↑	×	×	×	×	Q_1^n	Q_2^n	Q_1^n	1	左移输入 1
1	1	0	0	×	↑	×	×	×	×	Q_1^n	Q_2^n	Q_3^n	0	左移输入 0
1	0	0	×	×	×	×	×	×	×	Q_0^n	Q_1^n	Q_2^n	Q_3^n	保持

在数字系统中，数据传送的方式有串行和并行两种，由于移位寄存器的特点，可用移位寄存器作为数字接口，将并行数据串行发送出去，也可将串行数据逐位接收下来，形成并行数据。

例　分析如图 3-6 所示电路的逻辑功能（假设初态 $Q_3Q_2Q_1Q_0 = 1000$）。

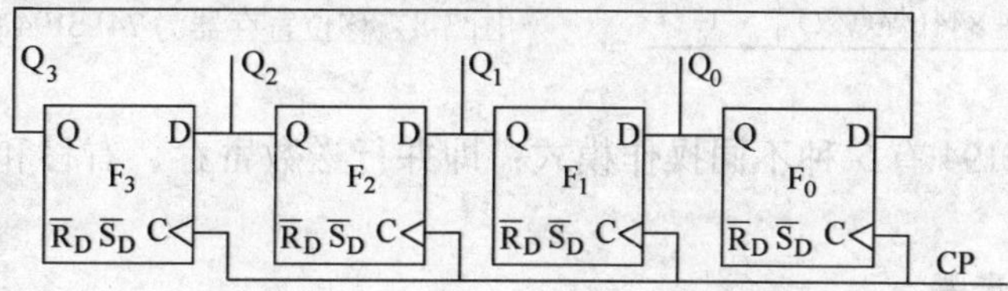

图 3-6　环形计数器的逻辑电路

解 如图3-6所示，将单向移位寄存器的串行输入端和串行输出端首尾相连，这样便构成了一个闭合的环，所以这一电路又称为环形计数器。该环形计数器的状态见表3-2，其状态转换如图3-7所示。

表3-2 环形计数器的状态

CP个数	Q_3	Q_2	Q_1	Q_0
0	1	0	0	0
1	0	0	0	1
2	0	0	1	0
3	0	1	0	0
4	1	0	0	0

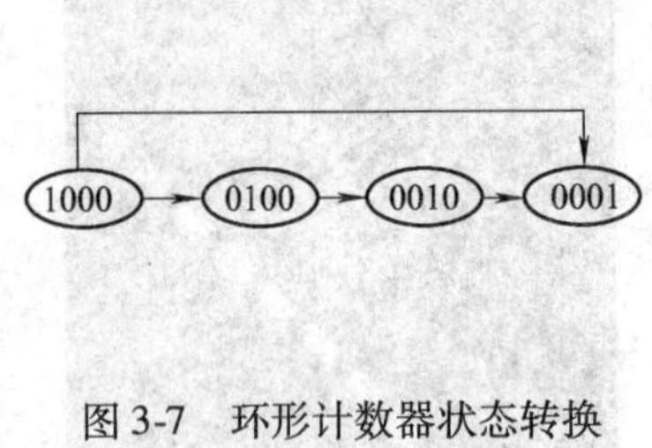

图3-7 环形计数器状态转换

技能训练9 移位寄存器及其应用

一、训练目的

1. 掌握移位寄存器电路的原理。

2. 掌握移位寄存器的测试技能。

二、训练器材

(1) 工具及仪表 电子钳、电烙铁、镊子等常用电子组装工具1套，焊锡若干；+5V稳压电源1台、万用表1块，单次脉冲源，直流毫安表（0～30mA）1块；直流微安表(0～130μA)1块；电子管直流电压表1块；示波器1台。

(2) 元器件 元器件明细见表3-3。

其中，四位双向通用移位寄存器的型号为74LS194或40194，其逻辑符号如图3-8所示。

表3-3 元件明细

代号	名称	型号	数量
VD1	红发光二极管		1
VD3	绿发光二极管		1
VD2	黄发光二极管		1
IC1	移位寄存器	74LS194	2
IC2	全加器	74LS74	1
IC3	进位触发器	74LS183	1
	集成电路插座	16脚	1
	集成电路插座	14脚	3
S1、S2	按钮		2
	印制试验板	14×14(焊点数)	1

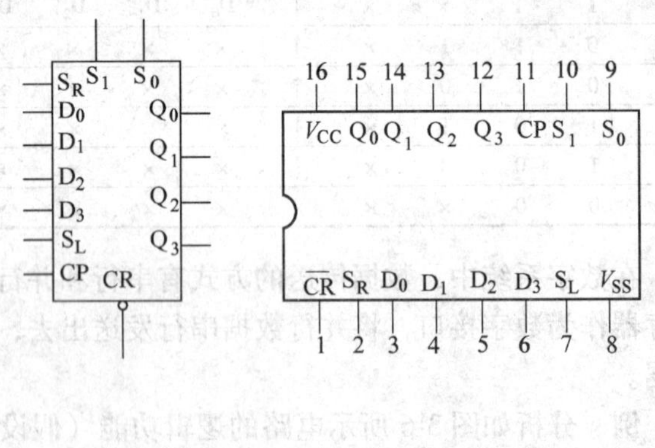

图3-8 移位寄存器为74LS194的逻辑符号

移位寄存器74LS194有5种不同操作模式：即并行送数寄存、右移和左移、保持和清零。

三、训练内容及步骤

1. 配齐元器件

2. 测试移位寄存器 74LS194（或 CC40194）的逻辑功能

（1）按图 3-9 进行接线。$\overline{CR}$、S_1、S_0、S_L、S_R、D_3、D_2、D_1、D_0 分别接至逻辑开关的输出插口；Q_3、Q_2、Q_1、Q_0 接至逻辑电平显示输入插口；CP 端接单次脉冲源输入插口。

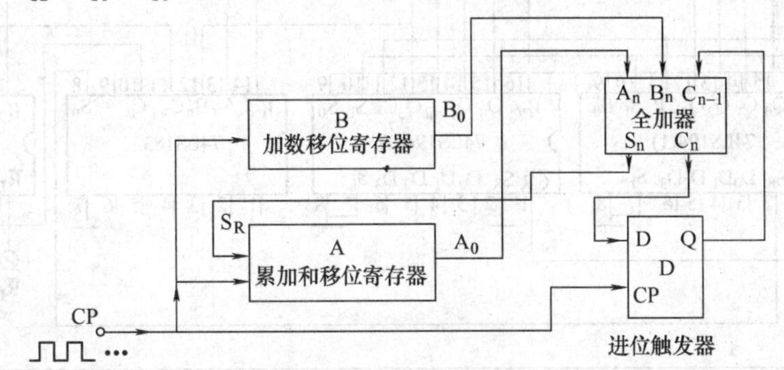

图 3-9　电气原理图

（2）按规定的输入状态逐项进行测试

1）清除：令$\overline{CR}=0$，其他输入均为任意态，这时寄存器输出 Q_3、Q_2、Q_1、Q_0 均应为 0。清除后，置$\overline{CR}=1$。

2）送数：令$\overline{CR}=S_1=S_0=1$，送入任意四位二进制数，如 $D_3D_2D_1D_0=0100$，加入时钟脉冲 CP，观察 CP=0、CP 由 0 变为 1、CP 由 1 变为 0 三种情况下寄存器输出状态的变化，观察寄存器输出状态的变化是否发生在 CP 脉冲的上升沿。

3）右移：清零后，令$\overline{CR}=1$，$S_1=0$，$S_0=1$，由右移输入端 S_R 送入二进制数码如 0100，由 CP 端连续加入 4 个脉冲，观察寄存器输出端的变化情况，并做好记录。

4）左移：先清零或预置，再令$\overline{CR}=1$，$S_1=1$，$S_0=0$，由左移输入端 S_L 送入二进制数码如 1111，由 CP 端连续加入 4 个脉冲，观察寄存器输出端的变化情况，并记录。

5）保持：寄存器预置任意 4 位二进制数码 1011，令$\overline{CR}=1$，$S_1=S_0=0$，加入 CP 脉冲，观察寄存器输出端的变化情况，并做好记录。

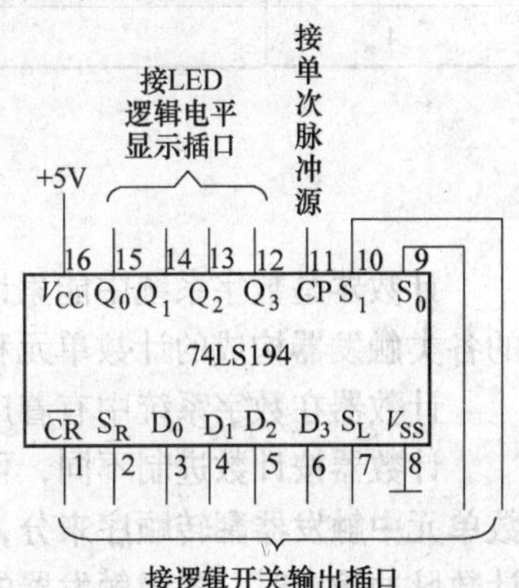

图 3-10　移位寄存器 74LS194 逻辑功能的测试

（3）循环移位　参照图 3-10 进行电路改接，用并行送数法预置寄存器输出状态的变化，并作相应记录。

3. 累加运算

（1）按图 3-11 进行接线　将$\overline{CR}$、S_1、S_0 接单次脉冲源；由于逻辑开关的数量有限，两寄存器的并行输入端 $D_3D_2D_1D_0$ 应根据现有条件进行接线；两寄存器的输出端 $Q_3Q_2Q_1Q_0$ 接至 LED 逻辑电平显示输入插口。

（2）触发器置零　使触发器 74LS74 的 $\overline{R}_D$ 由低电平变为高电平。

（3）送数　令$\overline{CR}=S_1=S_0=1$，用并行送数方法把三位被加数 $A_2A_1A_0$ 和三位加数 $B_2B_1B_0$ 分别送入累加和移位寄存器 A 和加数移位寄存器 B 中。然后进行右移，实现加法运算。连续输入 4 个 CP 脉冲，观察两个寄存器输出状态的变化情况，并将结果记入表 3-4 中。

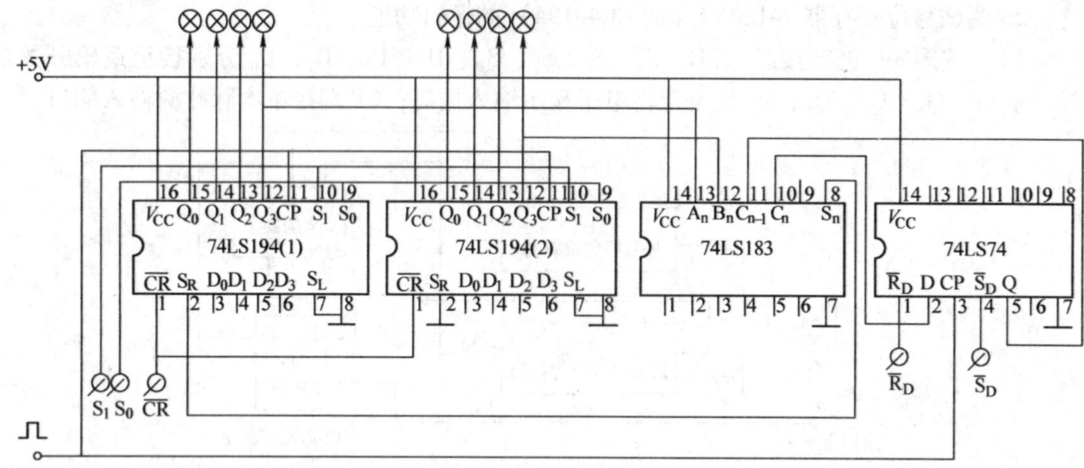

图 3-11 累加器

表 3-4 寄存器输出状态

CP	B 寄存器				A 寄存器			
	Q_3	Q_2	Q_1	Q_0	Q_3	Q_2	Q_1	Q_0
0								
1								
2								
3								
4								

第二节 计 数 器

计数器是数字系统中能累计输入脉冲个数的数字电路，它是由一系列具有信息存储功能的各类触发器构成的计数单元和一些控制门组成的。

计数器在数字系统中有着广泛的应用，除了计数之外，还可用来定时、分频等。

计数器按计数进制不同，可分为二进制计数器、十进制计数器和 N 进制计数器，按计数单元中触发器翻转顺序来分，则有异步计数器和同步计数器两大类。在异步计数器中，当计数脉冲输入时，各级触发器的翻转不是同时进行的，而是有先后的；在同步计数器中，所有触发器在同一脉冲作用下翻转是同时的。如果按计数过程中计数器数值的增减来分，又可分为递增计数器、递减计数器和可逆计数器，随着计数脉冲的输入而递增计数的叫做递增计数器，递减计数的叫做递减计数器，可增可减的叫可逆计数器。

一、二进制计数器

1. 异步二进制计数器

异步二进制计数器有递增计数器、递减计数器和可逆计数器等，现以异步三位二进制递增计数器为例简要说明异步二进制计数器的工作原理。

(1) 电路组成　异步二进制递增计数器的电路如图 3-12 所示。它是由三级 JK 触发器组成的。由于 J = K = 1，所以输入一个触发脉冲，触发器的状态就翻转一次，Q_1、Q_2、Q_3 为各触发器的输出端，C 为进位输出端。

(2) 工作原理　计数器工作前，一般都需要把所有的触发器置“0”，即计数器状态为 000。这一过程称为清零或复位。清零之后，计数器就可以开始计数了。

第一个计数脉冲输入时，在该脉冲的下降沿到来时刻，F1 翻转，Q_1 由 0 变为 1。Q_1 的正跳变加到 F2 的 CP 端，因为触发器都是负跳变触发，所以 F2 不翻转，计数器的状态为 001。

第二个计数脉冲输入时，F1 又翻转，Q_1 由 1 变为 0。Q_1 的负跳变送到 F2 的 CP 端，F2 翻转，Q2 由 0 变为 1。Q_2 的正跳变送到 F3 的 CP 端，F3 不翻转，计数器状态为 010。

按照上述规律，当第 7 个脉冲输入时，计数器状态为 111。如果输入第 8 个脉冲，计数器的状态将变成 000，并产生一个向高位的进位信号。

由上述可知，每向触发器 CP 端输入一个脉冲，触发器的状态就翻转一次，即

$$Q^{n+1} = \overline{Q^n}$$

这就是各级触发器的状态方程。由图 3-12 又可以得到进位方程，即

$$C = Q_3^n Q_2^n Q_1^n$$

按照计数器的翻转规律，可直接得到计数器状态表，见表 3-5。

由该状态表可知，图 3-12 所示电路具有二进制递增计数功能。

表 3-5　三位异步二进制递增计数器状态

输入 CP 脉冲个数	计数器状态			进位 C
	Q_3^n	Q_2^n	Q_1^n	
0	0	0	0	0
1	0	0	1	0
2	0	1	0	0
3	0	1	1	0
4	1	0	0	0
5	1	0	1	0
6	1	1	0	0
7	1	1	1	1
8	0	0	0	0

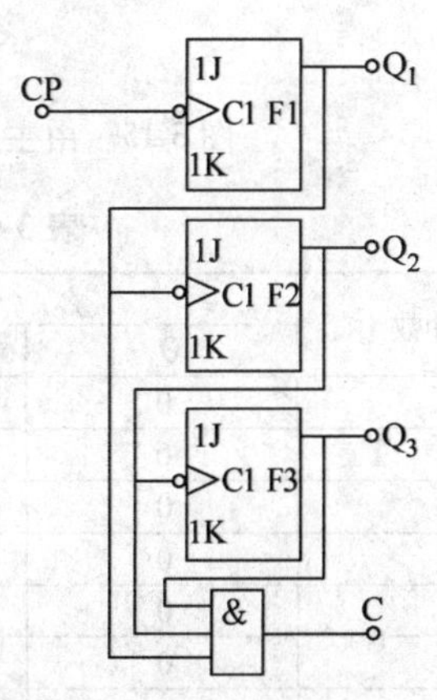

图 3-12　三位异步二进制递增计数器

由状态表也可以画出状态图，如图 3-13 所示。

三位异步二进制递增计数器波形如图 3-14 所示。

这种计数器所以称为“异步”加法计数器，是由于计数脉冲不是同时加到各位触发器的 CP 端，而只加到最低位触发器，其他各位触发器则由相邻低位触发器的进位脉冲来控制触发的，因此，它们状态的变换有先有后，是异步进行的。所以其计数速度较慢，这是异步计数器的不足之处。

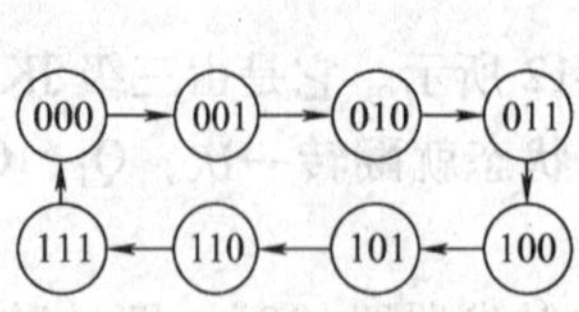

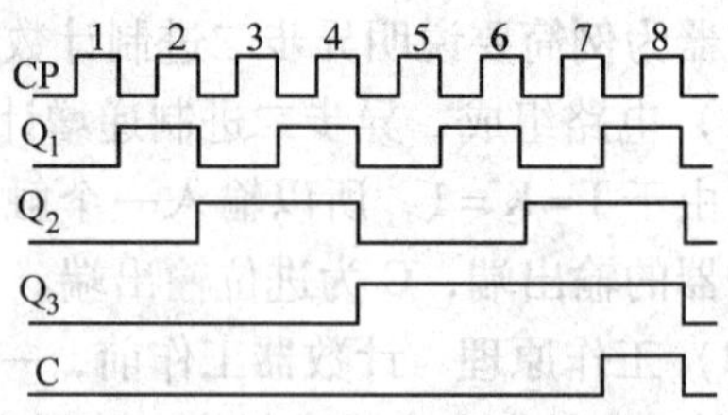

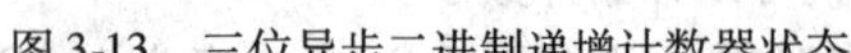

图 3-13　三位异步二进制递增计数器状态　　图 3-14　三位异步二进制递增计数器波形

2. 同步二进制计数器

为了提高计数速度，可以用计数脉冲同时去触发所有的触发器，使应该发生状态更新的触发器同时翻转，且与计数脉冲同步。这种计数器称为同步计数器。

用四个主从 JK 触发器组成的同步二进制加法计数器如图 3-15 所示。其逻辑状态表见表 3-6。

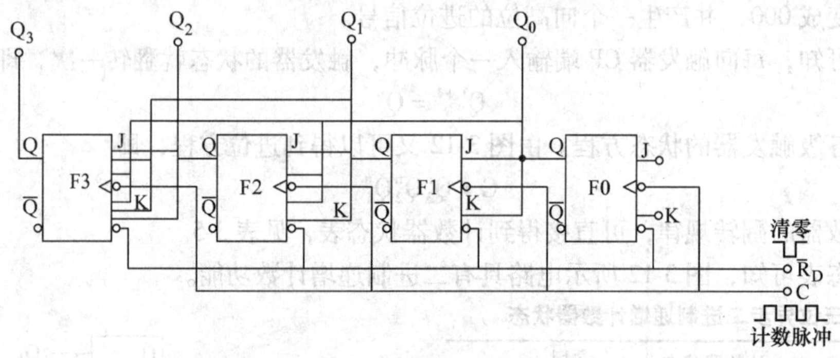

图 3-15　由主从 JK 触发器组成的同步二进制加法计数器

表 3-6　二进制加法计数器的逻辑状态

计数脉冲数	二进制数				十进制数
	Q_3	Q_2	Q_1	Q_0	
0	0	0	0	0	0
1	0	0	0	1	1
2	0	0	1	0	2
3	0	0	1	1	3
4	0	1	0	0	4
5	0	1	0	1	5
6	0	1	1	0	6
7	0	1	1	1	7
8	1	0	0	0	8
9	1	0	0	1	9
10	1	0	1	0	10
11	1	0	1	1	11
12	1	1	0	0	12
13	1	1	0	1	13
14	1	1	1	0	14
15	1	1	1	1	15
16	0	0	0	0	0

根据表 3-6 可得出各位触发器 J 端和 K 端的逻辑表达式：

1）对于第一位触发器 F_0，每来一个计数脉冲就翻转一次，故 $J_0=K_0=1$。

2）对于第二位触发器 F_1，在 $Q_0=1$ 时再来一个计数脉冲才翻转，故 $J_1=K_1=Q_0$。

3）对于第三位触发器 F_2，在 $Q_1=Q_0=1$ 时再来一个计数脉冲才翻转，故 $J_2=K_2=Q_1Q_0$。

4）对于第四位触发器 F_2，在 $Q_2=Q_1=Q_0=1$ 时再来一个计数脉冲才翻转，故 $J_3=K_3=Q_2Q_1Q_0$。

由于计数脉冲同时加到各位触发器的 CP 端，所以它们的状态变换和计数脉冲是同步的。这就是“同步”名称的由来，并与“异步”相区别。同步计数器的计数速度较异步快。

图中，每个触发器有多个 J 端和 K 端，且 J 端之间和 K 端之间都是“与”逻辑关系。

在上述的四位二进制加法计数器中，当输入第 16 个计数脉冲时，又将返回到起始状态“0000”。如果还有第五位触发器的话，这时应是“10000”，即十进制数 16。但现在只有四位，这个数就记录不下来，这种现象称为计数器的溢出。因此,四位二进制加法计数器,能记录的最大十进制数为 $2^4-1=15$。同理可知 n 位二进制加法计数器,能记录的最大十进制数为 2^n-1。

二、十进制计数器

在计数器中，十进制数通常是用二进制数来表示的，所以十进制计数器是指二—十进制编码的计数器。由于二—十进制编码种类很多，这里仅讨论 8421BCD 码十进制计数器。

1. 同步十进制递减计数器

（1）逻辑电路　典型的同步十进制递减计数器如图 3-16 所示。

（2）工作原理　由图 3-16 可以写出该递减计数器的驱动方程，即

$$J_1=K_1=1$$

$$J_2=\overline{\overline{Q_4^n}\,\overline{Q_3^n}\,\overline{Q_1^n}},\quad K_2=\overline{Q_1^n}$$

$$J_3=Q_4^n\overline{Q_1^n},\quad K_3=\overline{Q_2^n}\,\overline{Q_1^n}$$

$$J_4=\overline{Q_3^n}\,\overline{Q_2^n}\,\overline{Q_1^n},\quad K_4=\overline{Q_1^n}$$

再将驱动方程代入 JK 触发器的特性方程中，可以得到状态方程、借位输出方程如下：

$$\begin{cases}Q_1^{n+1}=\overline{Q_1^n}\\ Q_2^{n+1}=Q_4^n\overline{Q_2^n}\,\overline{Q_1^n}+Q_3^n\overline{Q_2^n}\,\overline{Q_1^n}+Q_2^nQ_1^n\\ Q_3^{n+1}=Q_4^n\overline{Q_3^n}\,\overline{Q_1^n}+Q_3^nQ_2^n+Q_3^nQ_1^n\\ Q_4^{n+1}=\overline{Q_4^n}\,\overline{Q_3^n}\,\overline{Q_2^n}\,\overline{Q_1^n}+Q_4^nQ_1^n\end{cases}$$

$$B=\overline{Q_4^n}\,\overline{Q_3^n}\,\overline{Q_2^n}\,\overline{Q_1^n}$$

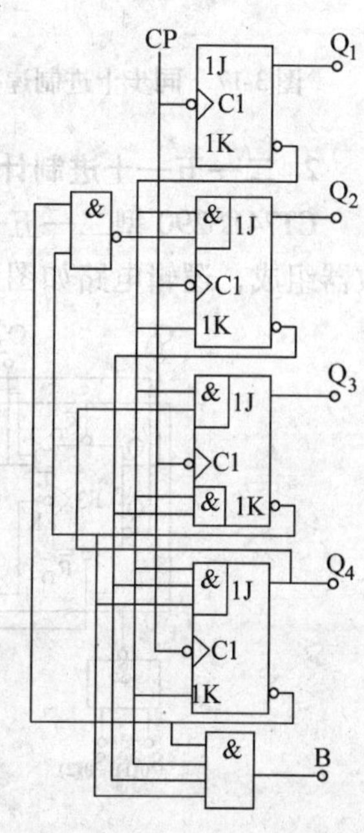

图 3-16　同步十进制递减计数器

假设计数前先清零，即令 $Q_4Q_3Q_2Q_1=0000$。这样，由状态方程和借位输出方程可以得到该递减计数器的状态表，见表 3-7。

由状态表可以进一步画出状态图、波形图，分别如图 3-17、图 3-18 所示。

表 3-7 同步十进制递减计数器的状态

输入 CP 脉冲个数	计数器状态				对应的十进制数	借位 B
	Q_4^n	Q_3^n	Q_2^n	Q_1^n		
0	0	0	0	0	0	1
1	1	0	0	1	9	0
2	1	0	0	0	8	0
3	0	1	1	1	7	0
4	0	1	1	0	6	0
5	0	1	0	1	5	0
6	0	1	0	0	4	0
7	0	0	1	1	3	0
8	0	0	1	0	2	0
9	0	0	0	1	1	0
10	0	0	0	0	0	0

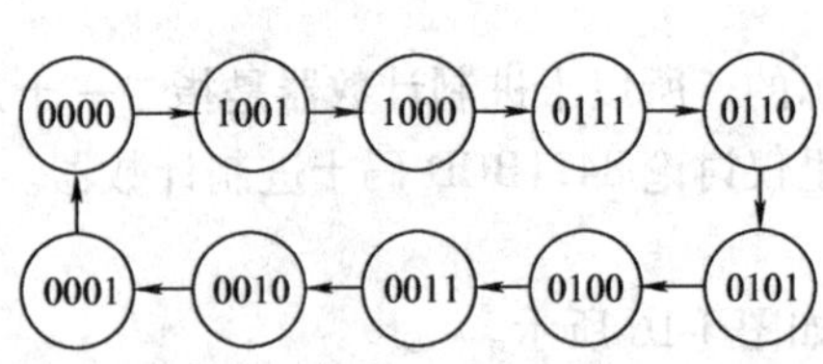

图 3-17 同步十进制递减计数器状态图

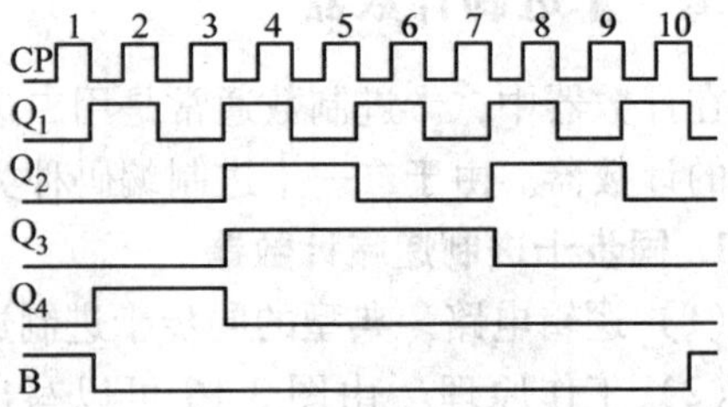

图 3-18 同步十进制递减计数器的波形

2. 二—五—十进制计数器

CT74LS290 型二—五—十进制计数器，由一个独立的一位二进制计数器和一个五进制计数器组成，逻辑电路如图 3-19a 所示，引脚排列如图 3-19b 所示，逻辑功能见表 3-8。

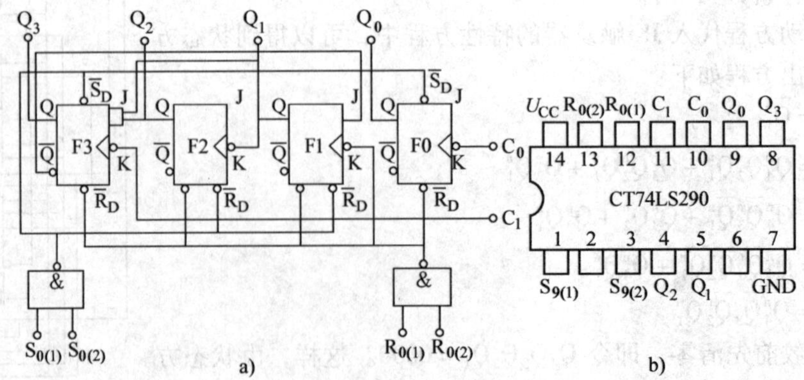

图 3-19 CT74LS290 型计数器

a）逻辑电路 b）引脚排列

表 3-8　CT74LS290 型计数器的逻辑功能

$R_{0(1)}$	$R_{0(2)}$	$S_{9(1)}$	$S_{9(2)}$	Q_3	Q_2	Q_1	Q_0
1	1	0 ×	× 0	0	0	0	0
×	×	1	1	1	0	0	1
×	0	×	0			计数	
0	×	0	×			计数	
0	×	×	0			计数	
×	0	0	×			计数	

注：×表示任意状态。

(1) 引脚功能　现对 CT74LS290 型计数器各引脚功能说明如下：

C_0 为一位二进制计数器的计数脉冲输入端；Q_0 为一位二进制计数器的输出端；C_1 为五进制计数器的计数脉冲输入端；Q_3、Q_2、Q_1 为五进制计数器的输出端；$R_{0(1)}$、$R_{0(2)}$ 为二—五—十进制计数器的置“0”端，且高电平有效；$R_{9(1)}$、$R_{9(2)}$ 为二—五—十进制计数器的置“9”端，高电平有效；V_{CC}为电源；GND 为接地端。

(2) 工作原理

1) 若只输入计数脉冲 C_0，由 Q_0 输出，F1 ~ F3 不用，此时为二进制计数器。

2) 若只输入计数脉冲 C_1，由 Q_3、Q_2、Q_1 端输出，这种情况下为五进制计数器。

由图 3-19a 可得出各位触发器的 J、K 端的逻辑关系式

$$J_0 = 1, \qquad K_0 = 1$$
$$J_1 = \overline{Q_3}, \qquad K_1 = 1$$
$$J_2 = 1, \qquad K_2 = 1$$
$$J_3 = Q_1 Q_2, \qquad K_3 = 1$$

因初始状态为“000”，故这时 J、K 端的电平为

$$J_1 = 1, \qquad K_1 = 1$$
$$J_2 = 1, \qquad K_2 = 1$$
$$J_3 = 0, \qquad K_3 = 1$$

根据 JK 触发器的状态表，注意到：第二位触发器 F2 只有在 Q_1 的状态从“1”变为“0”时才能翻转得出各触发器的下一状态，即“001”。而后再以“001”分析各触发器下一状态，这时触发器 F1 和 F2 都翻转，得出“010”。一直分析到恢复“000”为止。在分析过程中可列出五进制计数器的状态表，见表 3-9。由表 3-9 可见，经过 5 个脉冲后，计数器的状态循环变换一次，这就是五进制计数器。

表 3-9　五进制计数器的状态表

时钟脉冲数	$J_3 = Q_1 Q_2$	$K_3 = 1$	$J_2 = K_2 = 1$		$J_1 = \overline{Q_2}$	$K_1 = 1$	Q_2	Q_1	Q_0
0	0	1	1	1	1	1	0	0	0
1	0	1	1	1	1	1	0	0	1
2	0	1	1	1	1	1	0	1	0
3	1	1	1	1	1	1	0	1	1
4	0	1	1	1	0	1	1	0	0
5	0	1	1	1	1	1	0	0	0

3）将计数器 Q_0 端与 C_1 端连接起来，由 C_0 端输入计数脉冲 CP，从 $Q_3Q_2Q_1Q_0$ 输出，这样可构成 8421 码十进制计数器，如图 3-20 所示。

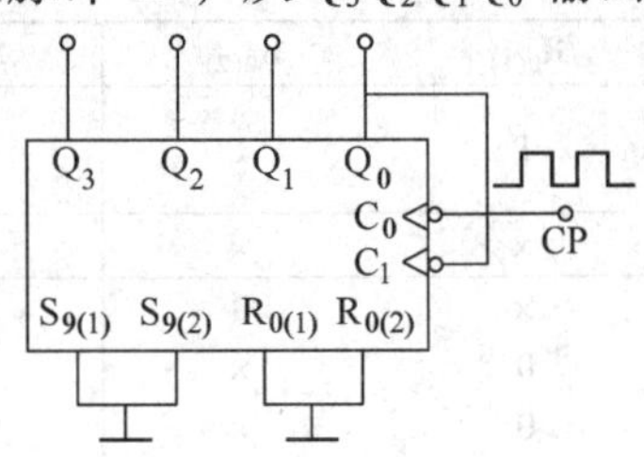

图 3-20 十进制计数器

三、N 进制计数器

常见的集成计数器产品都是二进制计数器和十进制计数器，如果要得到任意进制的计数器，可以利用一些门电路作为控制电路来实现这一目的。任意进制计数器简称为 N 进制计数器。利用各种不同的集成计数器构成 N 进制计数器的方法有很多，通常是利用复位法，如果要得到计数容量较大（即 N 较大）的计数器，就必须采用级联法。

1. 复位法

图 3-21 为十二进制递增计数器。$Q_4Q_3Q_2Q_1$ 从 0000 到 1011 时，计数器正常计数。由 1011 增至 1100 时，与非门输出为 0，计数器转变为 0000，从而实现了十二进制计数。

利用复位法可以得到 N 进制计数器，其方法一般是在 N 个时钟脉冲作用下，把计数到 N 时所有触发器输出状态 $Q^n=1$ 的输出端连接到一个与非门的输入端，并使与非门的输出去控制计数器的复位端 Cr，从而在第 N 个时钟脉冲作用时计数器回到“0”状态，这种便构成了 N 进制计数器。

2. 级联法

为了得到计数容量较大的计数器，可以将两个以上的计数器串联起来。例如，把一个三进制计数器和一个四进制计数器串联起来，就构成了一个十二进制计数器。

如果要得到任意 N 进制计数器，可以按图 3-22 所示进行连接。图中利用了级联法得到的是一个八十四进制的递增计数器。改变图中与非门输入端与两个十进制计数器输出端的连接位置，可以得到 $N=1\sim100$ 之间任何一种进制的计数器。

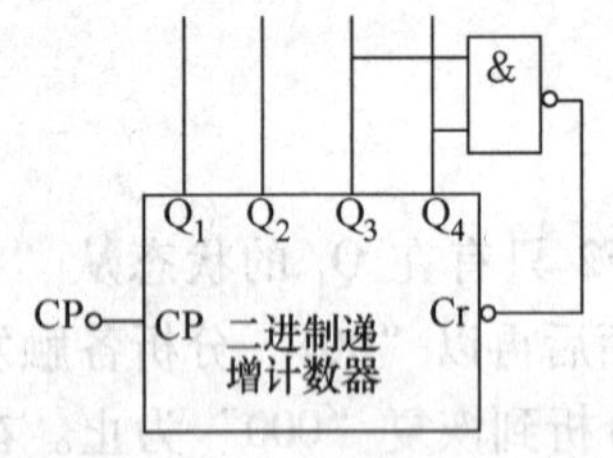

图 3-21 十二进制递增计数器

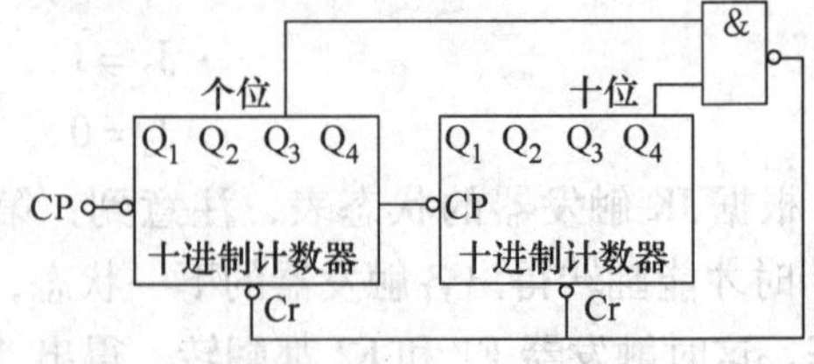

图 3-22 八十四进制计数器

技能训练 10 六十进制递增计数器电路的安装与测试

一、训练目的

1. 掌握计数器的工作原理。
2. 熟悉计数器的使用知识。
3. 掌握计数器电路的安装和测试技能。

二、训练器材

1. 工具及仪表

电子钳、电烙铁、镊子等常用电子组装工具1套，焊锡若干；+15V稳压电源1台、万用表1块，直流毫安表（0~30mA）1块；直流微安表（0~130μA）1块；电子管直流电压表1块；脉冲信号发生器1台，双踪示波器1台。

2. 元器件

元器件明细见表3-10。

表3-10　元器件明细

代　　号	名　　称	型　　号	数　　量
IC1　IC2	LED数码显示器	BS204	2
IC3　IC4	七段显示译码器	74LS247	2
IC5	双二—五十进制计数器	74LS390	1
IC6	2输入四与门	CD4081	1
	集成电路插座	16脚	3
	集成电路插座	14脚	1
S1	按钮		1
R_4 ~ R_{17}	电阻器	510Ω	14
R_1、R_2	电阻器	47kΩ	2
C_1	电容器	0.01μF	1
	试验板		1

3. 测试电路

图3-23所示为六十进制递增计数器的测试电路。

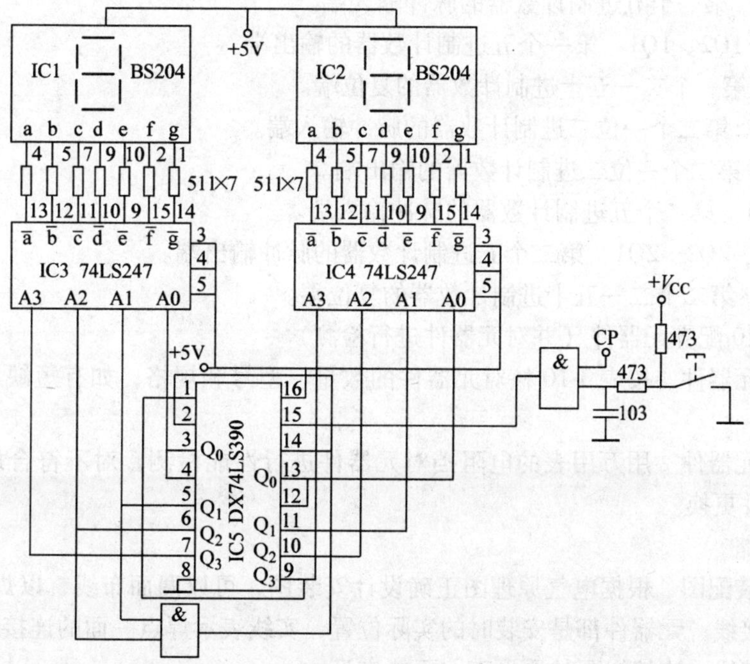

图3-23　六十进制递增计数器的测试电路

三、训练内容及步骤

1. 识别集成电路

双二—五十进制计数器 74LS390 集成电路的外形如图 3-24 所示，其引脚排列如图 3-25 所示。

图 3-24 计数器 74LS390 的外形

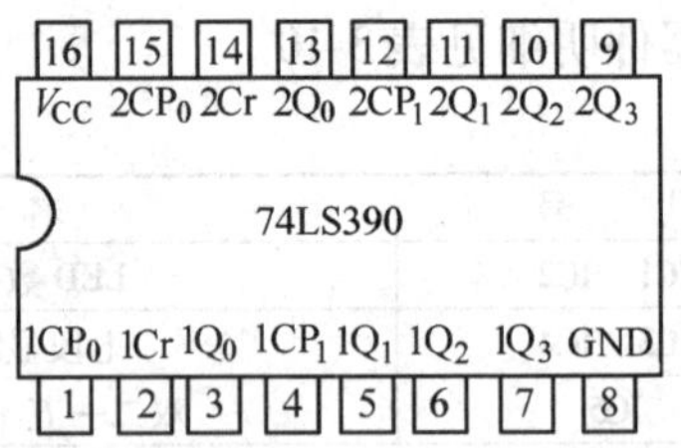

图 3-25 计数器 74LS390 的引脚排列

现对计数器 74LS390 的各引脚功能说明如下：

（1）V_{CC}　电源。

（2）GND　接地端。

（3）1CP0　第一个一位二进制计数器的脉冲输入端。

（4）1Q0　第一个一位二进制计数器的输出端。

（5）1CP1　第一个五进制计数器的脉冲输入端。

（6）1Q3、1Q2、1Q1　第一个五进制计数器的输出端。

（7）1Cr　第一个二—五十进制计数器的复位端。

（8）2CP0　第二个一位二进制计数器的脉冲输入端。

（9）2Q0　第二个一位二进制计数器的输出端。

（10）2CP1　第二个五进制计数器的脉冲输入端。

（11）2Q3、2Q2、2Q1　第二个五进制计数器的脉冲输出端。

（12）2Cr　第二个二—五十进制计数器的复位端。

2. 按表 3-10 配齐元器件（并对元器件进行检测）

（1）清点元器件　按表 3-10 核对元器件的数量、型号和规格，如有短缺、差错应及时补缺和更换。

（2）检测元器件　用万用表的电阻挡对元器件进行性能检测，对不符合质量要求的元器件予以剔除并更换。

3. 装配电路

（1）画出装配图　根据电气原理图正确设计安装图，可以两面布线，以焊点一面为主，图中焊点、连接线、元器件都是安装时的实际位置，实线表示焊点一面的连接线，虚线表示元件一面的连接线，连接线画的要平直，不能交叉。

装配图如图 3-26 所示。实际安装电路板的焊点面如图 3-27 所示。

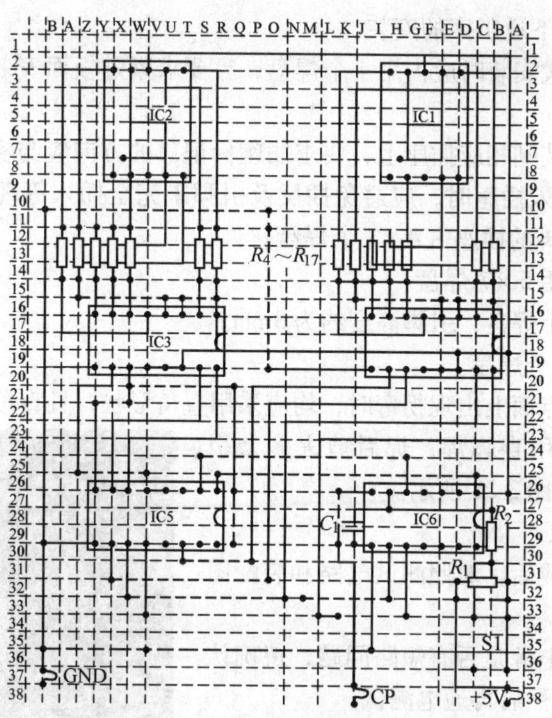

图 3-26　装配图

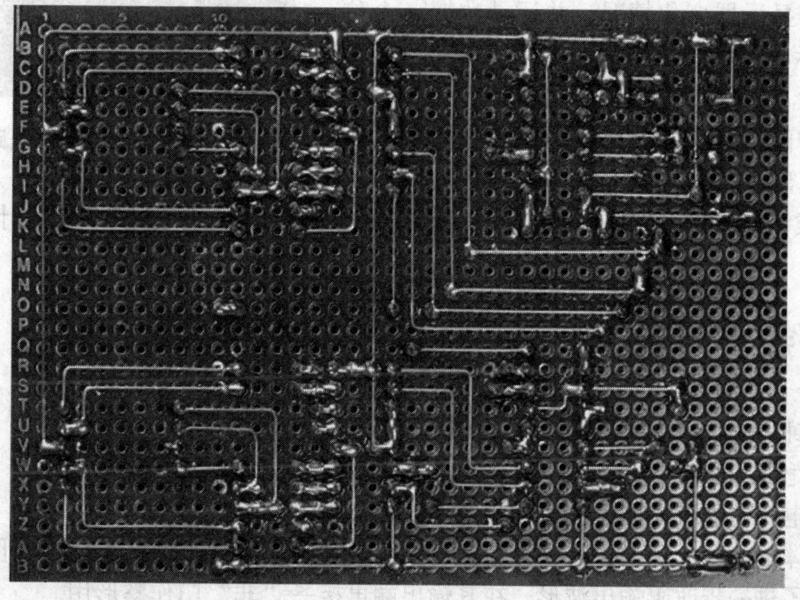

图 3-27　电路板的焊点面

（2）试验板的插装与焊接

1）按装配图将元器件插装在试验板上，基本安装原则是：先低后高，先里后外，且进行上道工序时不得影响下道工序的安装。

2）电阻器采用卧式安装时应占用4个焊盘，且要求紧贴板面安装，色标法电阻的色环标志顺序方向要一致。

3）集成电路应安装到相应插座上，要求插座标记口的方向应与实际集成块标记口的方向一致。将集成电路插入插座时，应避免插反及引脚未完全插入等现象。其中，16脚的插座占4×8个焊盘，14脚的插座占4×7个焊盘。

4）数码显示器占用5×7焊盘。

5）电容器占用两个焊盘，引脚高度约为3mm。

6）按钮占用3×4个焊盘。

7）导线连线在焊点面上出现拐弯时，均应采用直角形状，且直角处用焊点加以固定。

8）所有焊点均采用直脚焊，焊后剪去多余引脚。安装好的电路板如图3-28所示。

图3-28 安装好的电路板

4. 测试步骤及要求

1）电路板安装完成后，对照测试电路和装配图进行质量检查。

2）用万用表检测电源是否有短路问题，待确认无误后插上集成电路，然后再通电测试。

测试要求如下：

①不按开关S，将脉冲信号发生器的脉冲送至CP端，观察显示器变化情况，并记录数据（个位、十位），用示波器观察波形（注意X轴坐标时间），并加以记录。

②按住开关S，将脉冲信号发生器的脉冲送至CP端，观察显示器变化情况，并做出相应记录。

3）完成测试记录后，分析开关S在电路中的作用，并画出一百进制递增计数器的电路图。

【阅读材料】 数字时钟

数字时钟电路如图3-29所示，它由以下三部分电路组成：

1. 标准秒脉冲发生电路

这部分电路由石英晶体振荡器和六级十分频电路组成。

石英晶体振荡器的振荡频率极为稳定，因而用它构成的多振荡器产生的矩形脉冲的稳定性很高。为了进一步改善输出波形，在其输出端再接一“非”门作整形用。

所谓分频，就是脉冲频率每经一级触发器就降低1/2，即周期增加一倍。根据二进制波形图可知，第一级触发器输出端Q_0的波形频率是计数脉冲的1/2，即需要输入两个计数脉冲。因此一位二进制数是一个二分频器。同理，每输入四个计数脉冲，第二级触发器输出端Q_1端就输出一个脉冲，即其频率是计数脉冲的1/4。依次类推，当二进制计数器有n位时，第 n 级触发器输出脉冲的频率是计数脉冲的 $1/2^n$。对十进制计数器而言，每输入十个计数脉冲，第四级触发器的 Q_3 端输出一个脉冲，所以它是十分频器。每个十分频器的输出信号就相应于标准时间。如果石英晶体振荡器振荡频率为 1MHz，则经六级十分频后，输出脉冲的频率为 1Hz，即周期为 1s。此脉冲即为标准秒脉冲。

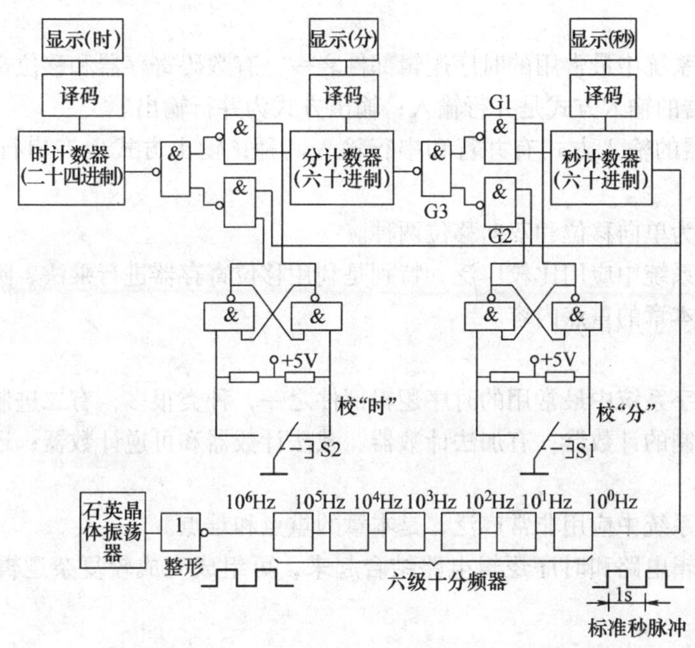

图 3-29　数字时钟电路

2. 时、分、秒计数、译码、显示电路

这部分包括两个六十进制计数器、一个二十四进制计数器以及相应的译码显示器。标准秒脉冲进入秒计数器进行六十分频（即经过六十个脉冲）后，得出分脉冲；分脉冲进入分计数器再经六十分频得出时脉冲；时脉冲进入时计数器。时、分、秒各计数器的计数经译码显示。最大显示值为 23h59min59s，再输出一个秒脉冲，显示复零。

3. 时、分校准电路校准

校“时”和校“分”的校准电路是相同的，现以校“分”电路来说明时间的校准。

1）在正常计时时，“与非”门 G1 的一个输入端为“1”，将它打开，使秒计数器输出的分脉冲加到 G1 的另一输入端，并经 G3 进入分计数器。而此时 G2 由于一个输入端为“0”，因此被封闭，校准用的秒脉冲进不去。

2）在校“分”时，并按下开关 S1，情况与 1）适反。G1 被封闭，G2 被打开，标准秒脉冲直接进入分计数器进行快速校“分”。

同理，在校“时”时，按下开关 S2，标准秒脉冲直接进入时计数器进行快速校“时”。

可见，G1、G2、G3 构成的是一个二选一电路。

本章小结

本章主要介绍了典型时序逻辑电路的组成和工作原理。时序逻辑电路的种类很多，本章重点介绍了寄存器和计数器的组成、特点和工作原理。

1. 寄存器

寄存器是数字系统中最常用的时序逻辑部件之一，有数码寄存器和移位寄存器两种。

1）数码寄存器的输入方式是并行输入；输出方式为并行输出。

2）移位寄存器的输入方式有并行和串行输入两种；输出方式也有串行和并行输出两种。

按移位方式分为单向移位和双向移位两种。

寄存器在数字系统中应用比较广泛，特别是利用移位寄存器进行乘法、除法等算术运算和逻辑运算，这是本章的重点内容。

2. 计数器

计数器也是数字系统中最常用的时序逻辑部件之一，种类很多，有二进制计数器、十进制计数器和任意进制的计数器；有加法计数器、减法计数器和可逆计数器；还有同步计数器和异步计数器等。

寄存器在数字系统中应用非常广泛，是本章的重点和难点。

总之，组合逻辑电路和时序逻辑电路结合起来，可组成完成较复杂逻辑功能的逻辑电路。

复习思考题

1. 说明什么是时序逻辑电路？它和组合逻辑电路有什么不同？

2. 如何使用 D 触发器组成八位数码寄存器？

3. 如何使用 JK 触发器组成三位右移寄存器？

4. 如图 3-30 所示，寄存器的初始状态 $Q_3Q_2Q_1Q_0=0000$，串行输入端 SL 输入的数据为 1101，试列出在连续四个 CP 脉冲作用下寄存器的状态表。

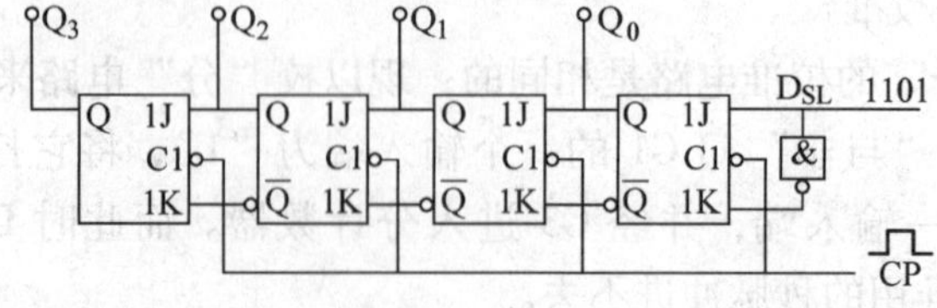

图 3-30 寄存器

5. 如图 3-31 所示，移位寄存器的初始状态 $Q_3Q_2Q_1Q_0=1111$，当第二个脉冲到来后，寄存器中保存的数码是什么？试画出连续四个脉冲作用下 $Q_3Q_2Q_1Q_0$ 各端的波形。

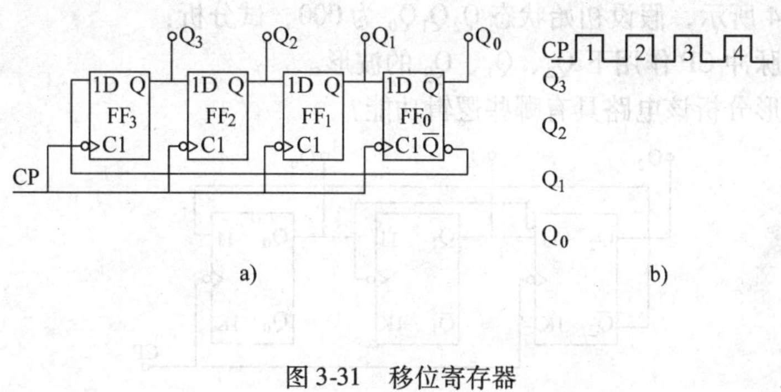

图 3-31　移位寄存器
a）电路　b）波形

6. 简述常用计数器的的分类方法。

7. 简要说明异步二进制加计数器和减计数器在组成原理上的异同点。

8. 简要说明同步计数器和异步计数器有何异同？

9. 试全部使用 JK 触发器组成五位同步二进制加计数器。

10. 怎样使用两个 JK 触发器组成一个三进制加计数器？

11. 试分析图 3-32 所示的计数器，假设初始状态为 0，试画出在计数脉冲 CP 作用下的状态表及工作波形。最后，确定它是多少进制的计数器？

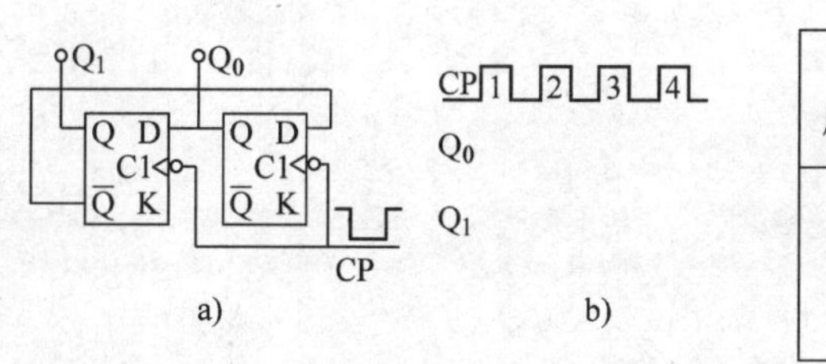

状态表

CP序号	输出 Q_1	输出 Q_0
1		
2		
3		
4		

图 3-32　计数器
a）电路　b）波形

12. 试分析图 3-33 所示电路的逻辑功能，并按 CP 脉冲的作用顺序，列出输出端 Q_2、Q_1、Q_0 的状态表。并确定它是何种类型的计数器？

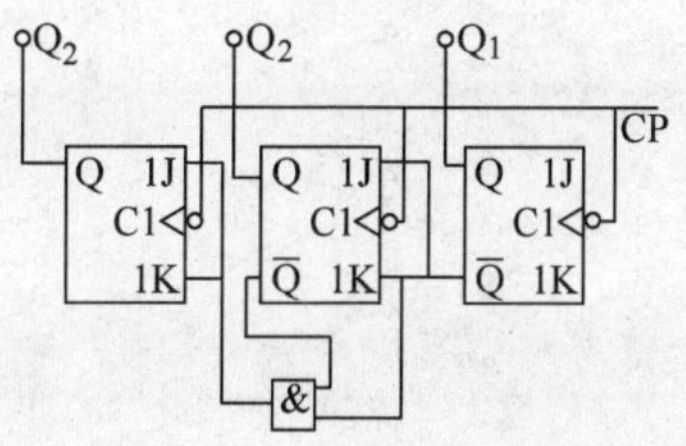

图　3-33

13. 如图 3-34 所示，假设初始状态 $Q_2Q_1Q_0$ 为 000，试分析：

（1）画出在脉冲 CP 作用下 Q_2、Q_1、Q_0 的波形。

（2）根据波形分析该电路具有哪些逻辑功能？

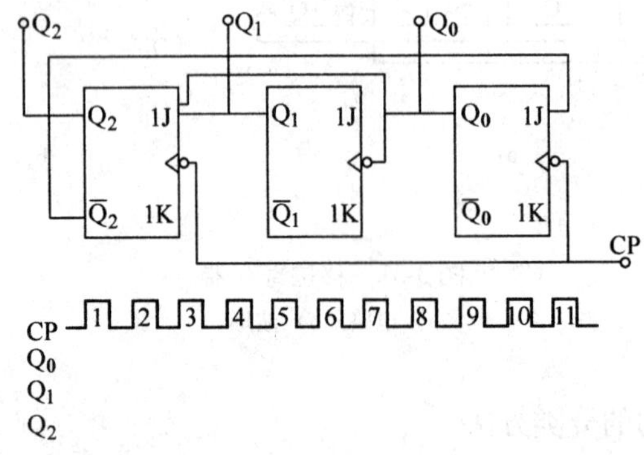

图 3-34

第四章　脉冲信号的产生与转换

学习目标

数字信号是以脉冲形式出现的，这些脉冲信号有矩形波、三角波和锯齿波等。近年来随着集成电路制造技术的完善与发展，已经生产了多种用于脉冲波形产生与变换的电路，它们是单稳态触发器、多谐振荡器和555定时器等。本章主要介绍单稳态触发器和振荡器、施密特触发器和555定时器的原理及应用等内容。

本章的学习目标：

1. **掌握单稳态触发器和振荡器的工作原理。**
2. **掌握施密特触发器的工作原理。**
3. **熟悉555定时器的应用知识。**
4. **掌握555定时器应用电路的安装和调试技能。**

第一节　单稳态触发器和振荡器

单稳态触发器只有一个稳定状态，即在没有触发信号作用时，电路处于稳定状态；在触发信号作用下，电路翻转为暂稳态，并经过一段时间又能自动返回原稳定状态。单稳态触发器的暂稳态通常都是靠 *RC* 电路的充、放电过程来维持的。根据 *RC* 电路的不同接法（即接成微分电路形式或积分电路形式），又把单稳态触发器分为微分型和积分型两种。

一、门电路构成的单稳态触发器

1. 微分型单稳态触发器

图 4-1 所示为用 CMOS 门电路和 *RC* 微分电路构成的微分型单稳态触发器。

对于 CMOS 门电路，可以近似地认为 $V_{OH} \approx V_{DD}$、$V_{OL} \approx 0$，而且通常 $V_{TH} \approx \frac{1}{2}V_{DD}$。在稳定状态下，$u_i = 0$、$u_{i2} = V_{DD}$，所以 $u_o = 0$、$u_{o1} = V_{DD}$，此时电容器 C 两端没有电压。

当触发器脉冲 u_i 加到输入端时，可以在由 R_d 和 C_d 组成的微分电路的输出端得到很窄的正、负脉冲 u_d。当 u_d 上升到 V_{TH} 以后，将引发如下的正反馈过程：

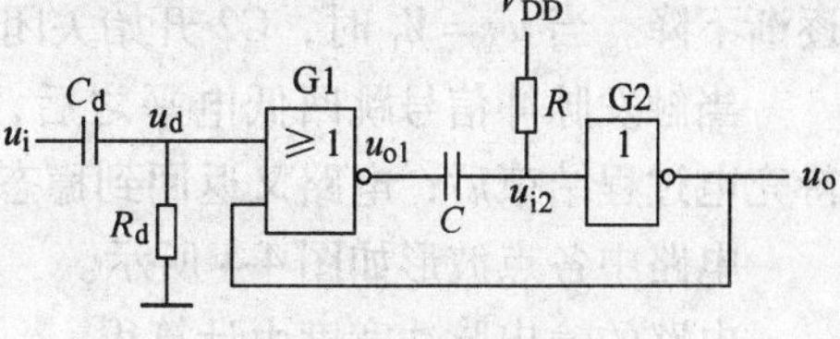

图 4-1　微分型单稳态触发器

$$u_d\uparrow \longrightarrow u_{o1}\downarrow \longrightarrow u_{i2}\downarrow \longrightarrow u_o\uparrow$$

上述正反馈过程使 u_{o1} 迅速跳变为低电平。由于电容器两端的电压不可能发生突跳，所以 u_{i2} 也同时跳变为低电平，并使 u_o 跳变为高电平，于是电路进入暂稳态。这时即使 u_d 回到低电平，u_o 的高电平仍将维持。

与此同时，电容器 C 开始充电。随着充电过程的进行，u_{i2} 逐渐升高，当升至 $u_{i2}=V_{TH}$ 时，又引发另外一个正反馈过程，即

$$u_{i2}\uparrow \longrightarrow u_o\downarrow \longrightarrow u_{o1}\uparrow$$

如果这时触发脉冲已消失（也就是说，u_d 已回到低电平），则 u_{o1}、u_{i2} 迅速跳变为高电平，并使输出返回 $u_o=0$ 状态。同时，电容器 C 通过电阻 R 和 G2 门的输入保护电路向 V_{DD} 放电，直至电容器两端的电压为 0，即电路恢复到稳定状态。

根据以上的分析，即可画出电路中各点的电压波形，如图 4-2 所示。

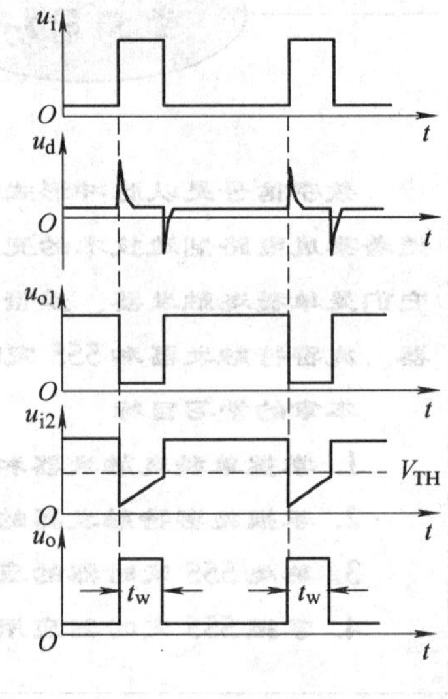

图 4-2　电压波形

电路的输出脉冲宽度由计算得：

$$t_W=RC\ln 2\approx 0.7RC$$

输出脉冲的幅度为

$$V_m=V_{OH}-V_{OL}\approx V_{DD}$$

2. 积分型单稳态触发器

（1）电路组成　图 4-3 所示为 TTL 与非门构成的积分型单稳态触发器，图中 G1、G2 之间采用 RC 积分电路耦合。

（2）工作原理　因为触发脉冲中 u_i 为低电平，所以电路稳态时 G1、G2 都处于关闭状态，u_o 为高电平。在稳态中，电容器 C 充电完毕，u_A 为高电平。

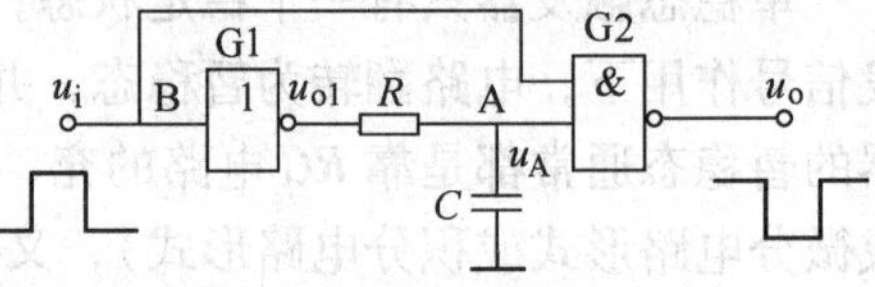

图 4-3　TTL 积分型单稳态触发器

当输入一个正的触发脉冲信号时，即 u_i 由低电平跳变为高电平，则 G1 开通，u_{o1} 变成低电平。由于电容器 C 两端的电压不能突变，u_A 仍为高电平，而 u_B 已经变为高电平，所以 G2 开通，u_o 变成低电平，电路进入暂稳态。

在暂稳态期间，电容器开始经 R、G1 的输出电阻放电，随着电容器 C 的不断放电，u_A 逐渐下降。当 $u_A=V_T$ 时，G2 开始关闭，u_o 又变为高电平，暂稳态过程结束。

当触发脉冲信号跳回低电平之后，G1 关闭，电容器 C 经 G1 的输出端和电阻 R 充电。待充电过程结束后，电路又返回到稳态。

电路中各点波形如图 4-4 所示。

电路的输出脉冲宽度由计算得：

$$t_W=1.1RC$$

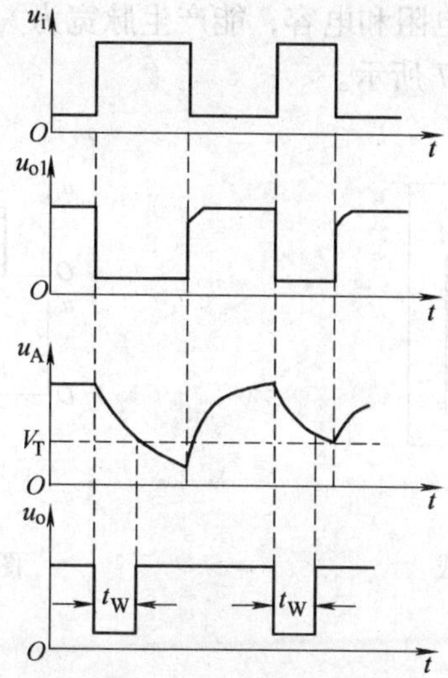

图 4-4　积分型单稳态触发器电路中各点的波形

3. 集成单稳态触发器

集成单稳态触发器与由普通门电路构成的单稳态触发器相比，具有明显的优点，主要包括：脉冲展宽范围大、外接元器件少、温度特性好、功能全、抗干扰能力强、对电源电压变化的稳定性好等。

集成单稳态触发器有 TTL 型和 CMOS 型两类，按工作方式的不同，主要可分为非重触发和可重触发两种。

（1）非重触发单稳态触发器　在外界触发信号作用下，单稳态触发器进入暂稳态。在暂稳态期间，外界再输入触发信号，并不影响电路的暂稳态。只有当暂稳态过程结束，电路又进入原来的稳态之后，新的触发信号才能使电路再次进入暂稳态，即暂稳态持续时间 t_W 是不变的。这就是非重触发单稳态触发器，其波形如图 4-5 所示。

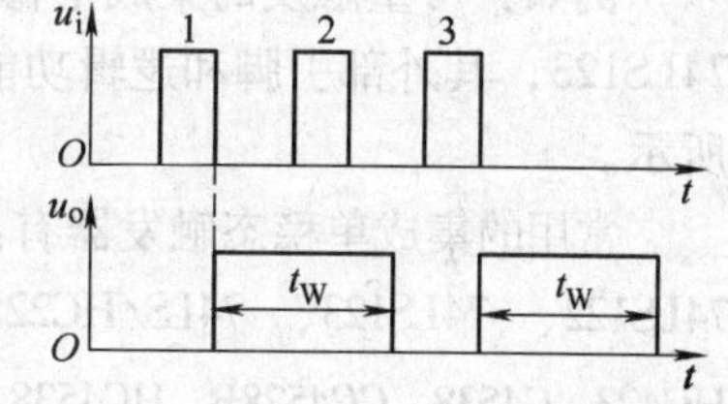

图 4-5　非重触发单稳态触发器波形

例如：非重触发 74HC221 型集成单稳态触发器，它为高速 CMOS 集成单稳态触发器，有两个可单独使用的单稳态触发器，其外形、外部引脚和逻辑功能如图 4-6 所示。

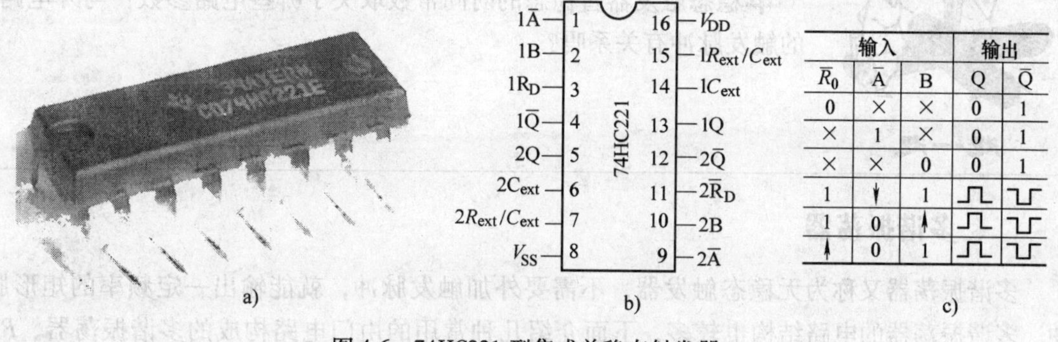

输入			输出	
$\overline{R}_0$	$\overline{A}$	B	Q	$\overline{Q}$
0	×	×	0	1
×	1	×	0	1
×	×	0	0	1
1	↓	1	⊓	⊔
1	0	↑	⊓	⊔
↑	0	1	⊓	⊔

图 4-6　74HC221 型集成单稳态触发器

a）实物外形　b）外部引脚　c）逻辑功能

使用 74HC221 时需要外接电阻和电容，能产生脉宽为 $t_W \approx 0.7RC$ 的脉冲，脉宽调节范围为 20 ~ 200μs。其接法如图 4-7 所示。

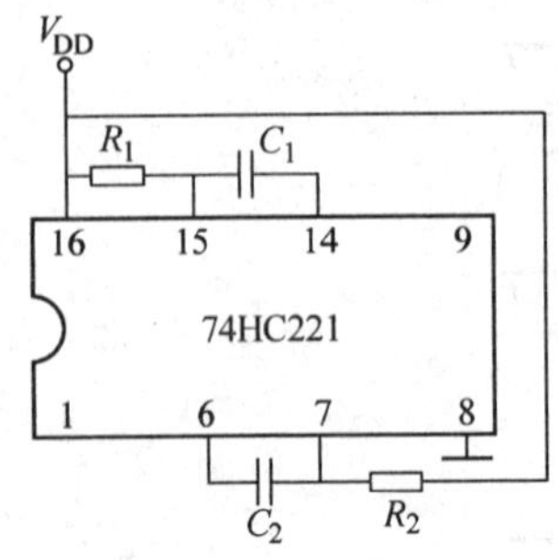

图 4-7　74HC221 型集成单稳态触发器的使用

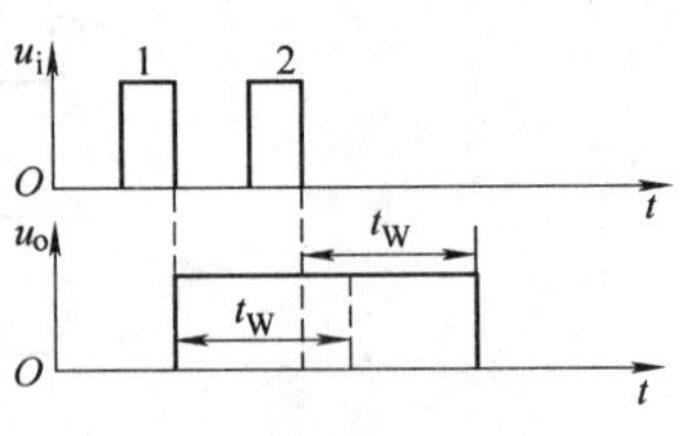

图 4-8　可重触发单稳态触发器波形

（2）可重触发单稳态触发器　可重触发单稳态集成单稳态触发器与非重触发不同，当外界输入触发信号使电路进入暂稳态后，若输入新的触发信号，就可延长暂稳态的持续时间，而且输出脉宽可以任意展宽。可重触发单稳态触发器的波形如图 4-8 所示。

例如：可重触发的集成单稳态触发器 74LS123，其外部引脚和逻辑功能如图 4-9 所示。

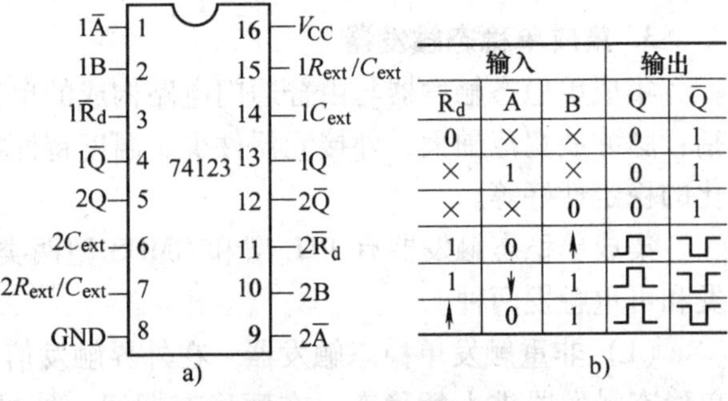

输入			输出	
$\overline{R}_d$	$\overline{A}$	B	Q	$\overline{Q}$
0	×	×	0	1
×	1	×	0	1
×	×	0	0	1
1	0	↑	⊓	⊔
1	↓	1	⊓	⊔
↑	0	1	⊓	⊔

图 4-9　74LS123 型集成单稳态触发器
a）外部引脚　b）逻辑功能

常用的集成单稳态触发器有：74LS121、74LS122、74LS123、74LS/HC221、74LS/HC423、C4538、CC4528B、HC4538、CD4098 等。

单稳态触发器的应用很广泛，通常用于脉冲的整形、延迟和定时等。

单稳态触发器暂稳态的时间常数取决于哪些电路参数？与外电路的触发脉冲有关系吗？

二、多谐振荡器

多谐振荡器又称为无稳态触发器，不需要外加触发脉冲，就能输出一定频率的矩形脉冲。多谐振荡器的电路结构也较多，下面介绍几种常用的由门电路构成的多谐振荡器、RC 环形振荡器和石英晶体振荡器。

1. CMOS或非门构成的多谐振荡器

（1）电路组成　用两个CMOS或非门构成的多谐振荡器电路如图4-10所示，其中R、C构成延迟电路。

（2）工作原理　接通电源后，假设门G1处于截止状态，其输出u_{o1}为高电平，于是使门G2导通，输出u_o为低电平。门G1输出的高电平经电阻R和导通的门G2给电容器C充电。随着充电过程的进行，门G1输入u_{i1}的电平按指数规律上升。当u_{i1}上升到阈值电平时，电路将产生如下正反馈过程：

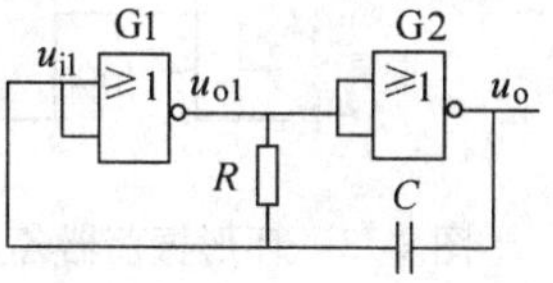

$$u_{i1}\uparrow \longrightarrow u_{o1}\downarrow \longrightarrow u_o\uparrow$$

图4-10　CMOS多谐振荡器

最后，将导致门G1导通，门G2截止。

由于门G2截止，输出u_o从低电平跳变到高电平，而电容器C两端的电压不能突变，u_{i1}也要跟随着产生同样大小的正跳变。随后，电容器C通过电阻R和导通的门G1放电，使u_{i1}按指数规律下降。当u_{i1}下降到阈值电平时，电路又产生如下正反馈过程：

$$u_{i1}\downarrow \longrightarrow u_{o1}\uparrow \longrightarrow u_o\downarrow$$

最后，又导致门G1截止，门G2导通。

此后，该电路又将重复上述过程，形成振荡。该电路各点电压波形如图4-11所示。

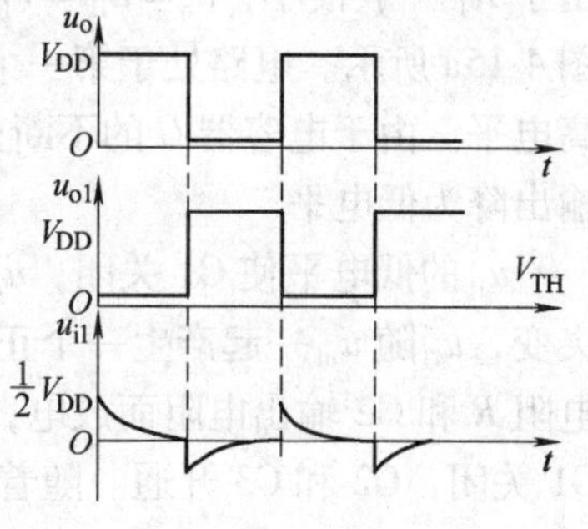

图4-11　CMOS多谐振荡器电压波形

（3）振荡周期　该电路的振荡周期可以估算为

$$T\approx 1.4RC$$

2. 环形振荡器

（1）TTL与非门环形振荡器　把奇数个与非门首尾相接，形成一个闭环，就可组成环形振荡器。由3个与非门构成的环形振荡器如图4-12所示。

这个电路没有稳定状态。如果3个门的平均传输延迟时间都是t_{pd}，设开始时$u_{i1}(u_o)$由低电平“0”跳变为高电平“1”，则经过t_{pd}之后，G2输入u_{i2}=“0”；再经过t_{pd}，使u_{i3}=“1”；最后再经过t_{pd}，使$u_o(u_{i1})$=“0”。所以，u_{i1}经过3个门的延迟时间$3t_{pd}$后，将由高电平变成低电平。可以想象，再经过$3t_{pd}$之后，$u_{i1}=u_o$又将变成高电平。如此周而复始，形成振荡，这样在u_o处便可得到矩形脉冲输出。振荡器各点的电压波形如图4-13所示，由波形图可知，振荡器的振荡周期$T=6t_{pd}$。

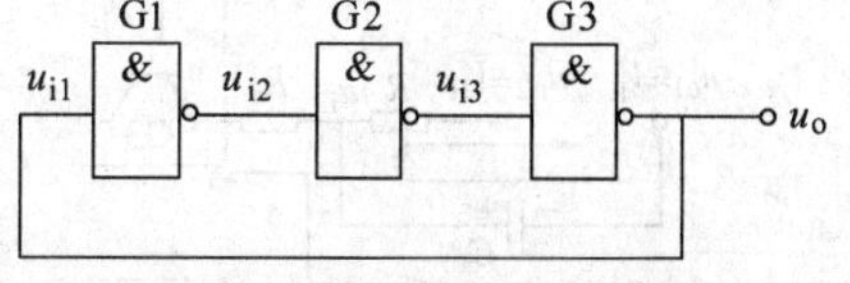

图4-12　TTL与非门环形振荡器

这种振荡器的优点是电路简单。但是，由于TTL与非门平均传输延迟时间t_{pd}很短，振荡频率很高，而且振荡频率不可调。为了克服这一缺点，可以利用RC延时电路。通过RC电路，既可以延长延迟时间，又可以很容易地通过改变R或C的数值来调节振荡频率。

（2）带有RC电路的环形振荡器　带有RC电路的环形振荡器如图4-14所示。由于RC电路的延迟时间比门的平均传输延迟时间t_{pd}长得多，在分析时可以忽略t_{pd}不计。

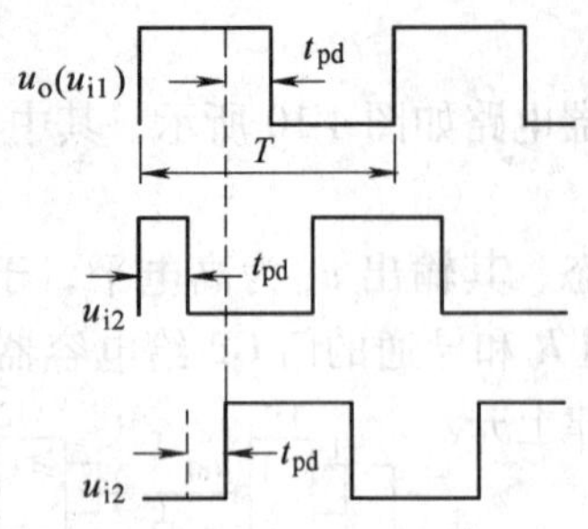

图 4-13　环形振荡器各点的电压波形

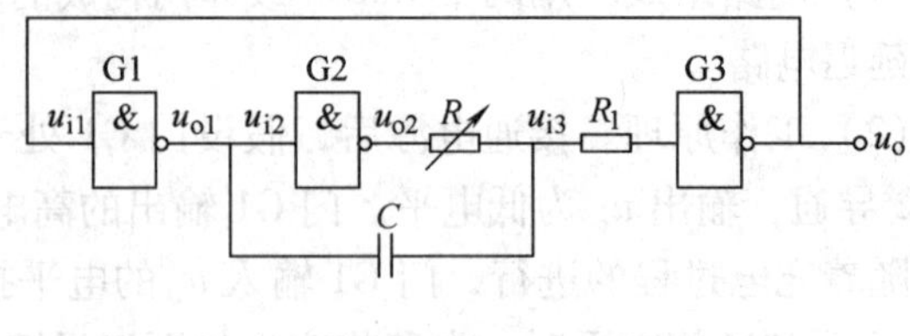

图 4-14　带有 RC 电路的环形振荡器

当 u_{i1} 由低电平跳变为高电平 V_H 时，G1 开通，$u_{o1}=u_{i2}$ 立即跳变为低电平 V_L，G2 关闭，u_{o2} 也跟着跳变为 V_H。由于电容器 C 两端电压不能突变，u_{i3} 必然随 u_{i2} 产生负跳变，G3 关闭。由于 R_1 一般很小，$u_o=u_{i1}=V_H$。然后，u_{o2} 的高电平经电阻 R 向电容器 C 充电，充电回路如图 4-15a 所示。电路处于第一个暂稳态，即 G1 开通、G2 和 G3 关闭的状态，输出 $u_o=V_H$ 为高电平。由于电容器 C 的不断充电，u_{i3} 逐渐上升。当 $u_{i3}=V_T$ 时，G3 开通，$u_o=u_{i1}=V_L$，即输出降为低电平。

u_{i1} 的低电平使 G1 关闭，$u_{o1}=u_{i2}=V_H$，G2 开通，$u_{o2}=V_L$。由于电容器 C 两端电压不能突变，u_{i3} 随 u_{o1} 一起产生一个正跳变，G3 开通，$u_o=u_{i1}=V_L$，G1 关闭。然后，电容器 C 经电阻 R 和 G2 输出电阻而放电，放电回路如图 4-15b 所示。这时电路处在第二个暂稳态，即 G1 关闭，G2 和 G3 开通。随着电容器 C 的不断放电，u_{i3} 逐渐下降。当 $u_{i3}=V_T$ 时，G3 关闭，$u_o=u_{i1}=V_H$，于是又开始前面讲过的第一个过程，电路翻转成第一个暂稳态。如此周而复始，电路不停地振荡。振荡电路各点电压波形如图 4-16 所示。其中，振荡周期 $T\approx2.23RC$。

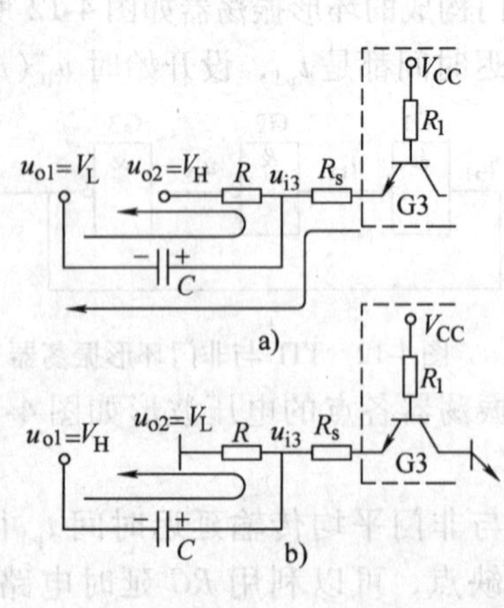

图 4-15　电容器 C 充放电放电回路
a）充电回路　b）放电回路

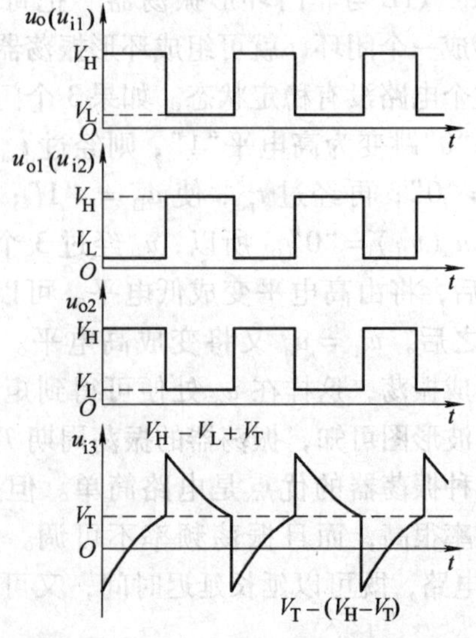

图 4-16　振荡电路各点电压波形

3. 石英晶体振荡器

对于前面所介绍的多谐振荡器，其振荡频率稳定性较差。为了得到频率稳定性很高的脉冲信号，可采用如图 4-17 所示的石英晶体振荡器。石英晶体振荡器是在多谐振荡器电路中接入石英晶体而组成的。石英晶体的符号如图 4-18a 所示。图 4-18b 是石英晶体的阻抗频率特性曲线，由石英晶体的阻抗频率特性可知，只有当信号频率为 f_0 时，石英晶体的等效阻抗最小，脉冲信号最容易通过，所以这种电路的振荡频率只决定于石英晶体本身的谐振频率 f_0，而与电路中 R、C 的数值无关。

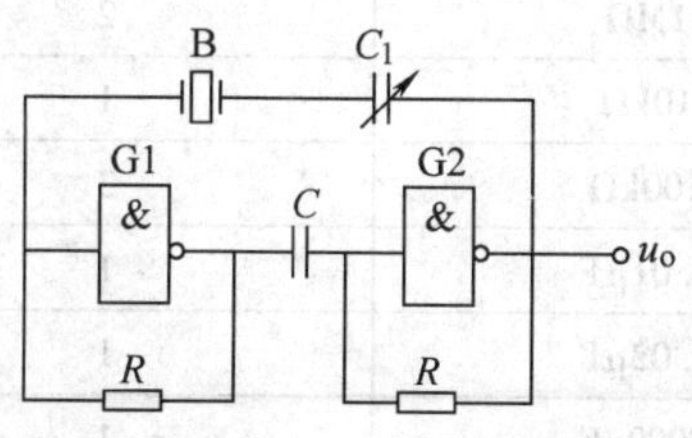

图 4-17　石英晶体振荡器

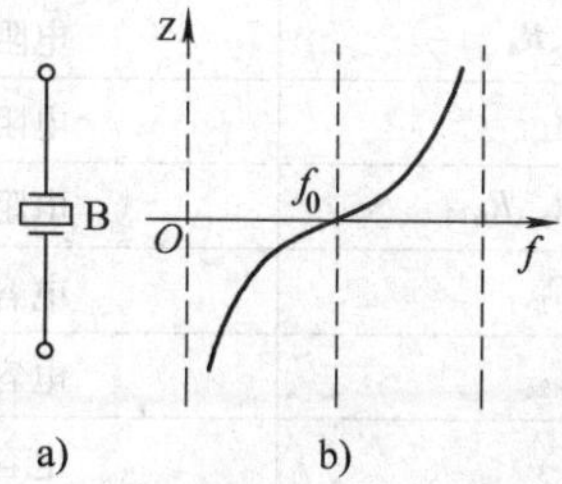

图 4-18　石英晶体的特性
a）石英晶体的符号　b）石英晶体的阻抗频率特性曲线

图 4-17 中，两个电阻 R 的作用是为 G1、G2 提供一个适当的静态工作点，使 G1、G2 工作在转折区（放大区）。对于 TTL 门，R 的阻值一般在 700Ω ~ 2kΩ 之间，而对于 CMOS 门，其阻值则常在 10 ~ 100MΩ 之间。C 是 G1、G2 的耦合电容。C_1 是微调电容，微调 C_1 可使电路产生振荡。

由石英晶体组成的多谐振荡器具有哪些特点？其振荡频率是由哪些器件决定？

技能训练 11　可触发的脉冲发生器电路的安装与测试

一、训练目的

1. 掌握单稳态触发器和多谐振荡器的工作原理。
2. 掌握可触发的脉冲发生器电路的安装和测试技能。

二、训练器材

1. 工具及仪表

电子钳、电烙铁、镊子等常用电子组装工具 1 套，焊锡若干；+15V 稳压电源 1 台、万用表 1 块，直流毫安表（0 ~ 30mA）1 块；直流微安表（0 ~ 130μA）1 块；电子管直流电压表 1 台；示波器 1 台。

2. 元器件

元器件明细见表4-1。

表4-1 元器件明细

代　号	名　称	型　号	数　量
IC	2输入端四或非门	CD4001	1
	集成电路插座	14脚	1
RP1	电位器	1MΩ	1
R_3、R_4	电阻器	1MΩ	2
R_1	电阻器	10kΩ	1
R_2、R_5、R_6	电阻器	100kΩ	3
C_1	电容器	0.01μF	1
C_2	电容器	0.02μF	1
C_3	电容器	2000pF	1
SB	按钮		1

3. 测试电路

图4-19所示为可触发的脉冲发生器测试电路，其计数显示部分可用以前所做的六十进制计数器，将可触发的脉冲发生器的输出直接接到六十进制计数器的CP端。可触发的脉冲发生器中或非门1、2组成单稳态电路，在触发信号的作用下，它将产生一个门控脉冲。或非门3、4组成一个无稳态电路，受控于门控脉冲，调节电位器RP1可改变其振荡频率，以便调节在门控时间T内产生的脉冲个数，对电路触发一次产生的脉冲个数可在2~30之间变化。无稳态电路有两路输出，或非门3输出为正脉冲信号，而或非门4则输出负脉冲信号。

可触发脉冲发生器电路的触发方式可用手控按钮，也可采用触发信号。

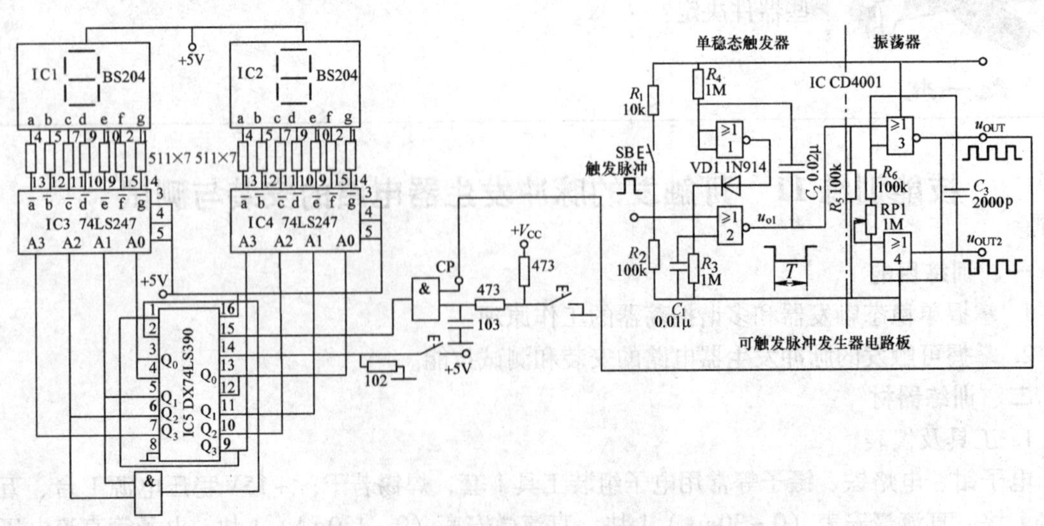

图4-19　可触发脉冲发生器的测试电路

三、训练内容及步骤

1. 根据表 4-1 配齐元器件并进行检测

（1）熟悉四或非门 CD4001　四或非门 CD4001 的外形如图 4-20 所示，其引脚排列如图 4-21 所示。

图 4-20　四或非门 CD4001 的外形

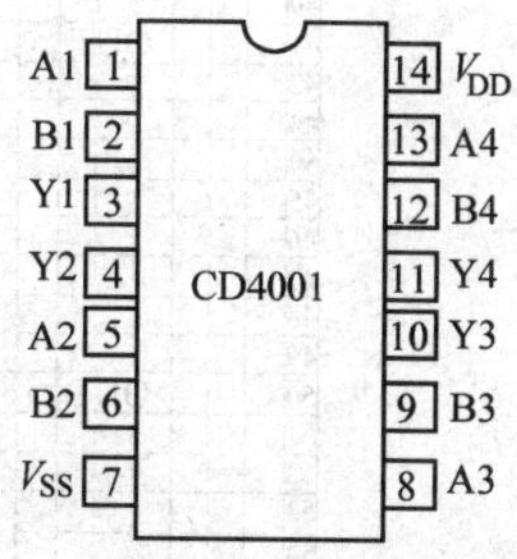

图 4-21　四或非门 CD4001 的引脚排列

现对四或非门 CD4001 的各引脚功能说明如下：

1）V_{DD}为电源端。

2）V_{SS}为地。

3）A1、B1 为第一个或非门的输入端。

4）Y1 为第一个或非门的输出端。

5）A2、B2 为第二个或非门的输入端。

6）Y2 为第二个或非门的输出端。

7）A3、B3 为第三个或非门的输入端。

8）Y3 为第三个或非门的输出端。

9）A4、B4 为第四个或非门的输入端。

10）Y4 为第四个或非门的输出端。

（2）元器件检测

1）清点元器件。按表 4-1 核对元器件的数量、型号和规格，如有短缺、差错应及时补缺和更换。

2）检测元器件。用万用表电阻挡对元器件进行检测，对不符合质量要求的元器件予以剔除并更换。

2. 万能电路板的装配

（1）根据图 4-19 所示电路画出装配草图；并根据电气原理图正确进行安装图的设计，可以两面布线，且以焊点一面为主，图中焊点、连接线、元器件都是安装时的实际位置，实线表示焊点一面的连接线，虚线表示元件一面的连接线，连接线画的要平直，不能交叉。

装配图如图 4-22 所示。实际安装电路板的焊点面如图 4-23 所示。

（2）试验板的插装与焊接

1）按装配图将元器件插装到试验板上，基本安装原则是：先低后高，先里后外，且上道工序不得影响下道工序的安装。

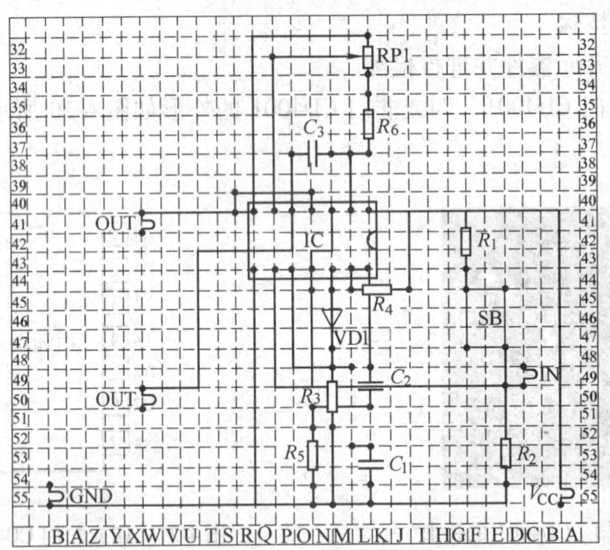

图 4-22　可触发的脉冲发生器装配图

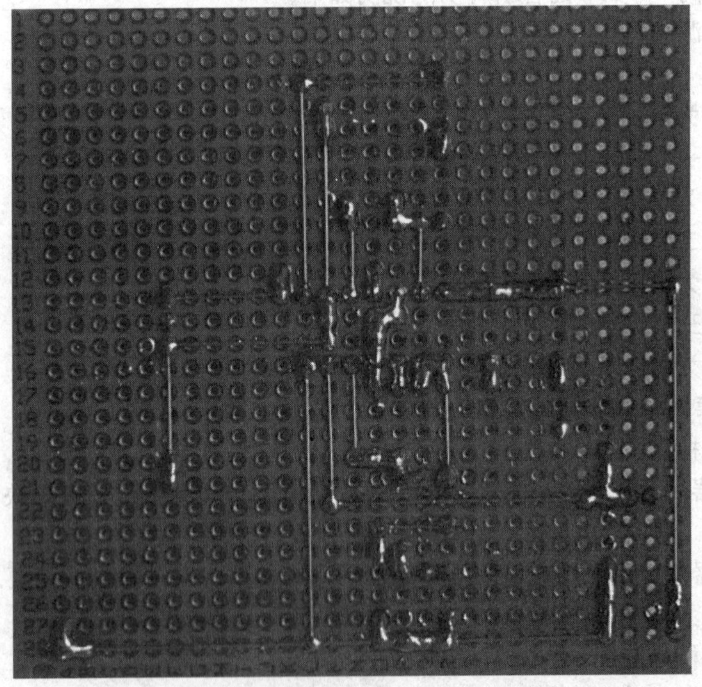

图 4-23　实际安装电路板的焊点面

2）电阻器应采用卧式安装，且需要占用四个焊盘，同时要求其应紧贴板面安装，色标法电阻的色环标志顺序方向一致。

3）集成电路应安装到相应插座上，插座标记口的方向应与实际集成块标记口的方向一致。将集成电路插入插座时，应避免插反及引脚未完全插入等现象。14 脚的插座占 4 ×7 个焊盘。

4）电容器占 2 个焊盘，引脚高度约为 3mm。

5）电位器的外形如图 4-24 所示，电位器占用 3×6 个焊盘，其焊接示意图如图 4-25 所示。

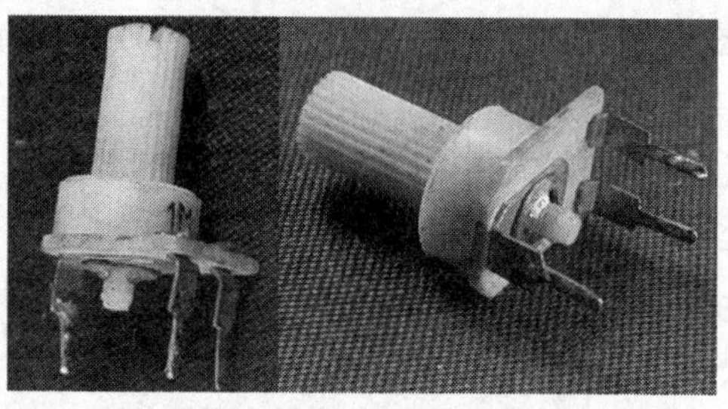

图 4-24　电位器的外形

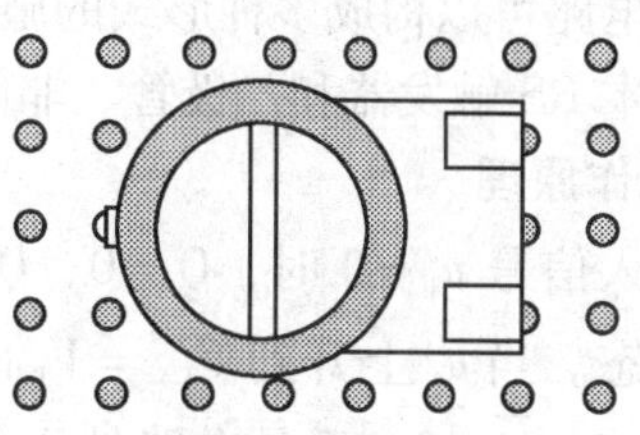

图 4-25　电位器焊接示意图

6）按钮占用 3×4 个焊盘。

7）导线连线在焊点面上拐弯时，均应采用直角形状，且直角处应用焊点加以固定。

所有焊点均采用直脚焊，焊后剪去多余引脚。安装好的电路板如图 4-26 所示。

图 4-26　安装好的电路板

3. 测试步骤及要求

1）电路板安装完成后，对照测试电路和装配图进行质量检查。

2）用万用表检测电源是否有短路问题，待确认无误后插上集成电路，然后方可通电测试。

测试要求是：按一下按钮 SB，用双踪示波器观察单稳态触发器的输出波形 u_{o1} 和振荡器的输出波形 u_{OUT}，并观察数码管的状态变化；调节 RP1，重复观察 u_{o1}、u_{OUT} 和数码管的状态，并作相应记录。

3）完成测试后，认真分析测量结果。

第二节　施密特触发器

用单稳态触发器整形时，如果输入波形的沿很差，它就无法整形了，而施密特触发器可以把缓慢变化的波形变换成数字电路所需要的矩形波。

施密特触发器同样具有两个稳定状态，但是它和前面介绍的触发器不同。施密特触发器对两个状态的转换和维持都依赖于外加触发信号，也就是说，它是依靠输入信号的幅度触发的。

一、集成门电路构成的施密特电路

1. 电路组成

用门电路可以构成多种形式的施密特电路。图4-27是其中的一种，它是由TTL与非门构成的基本RS触发器和二极管、非门组成的。

2. 工作原理

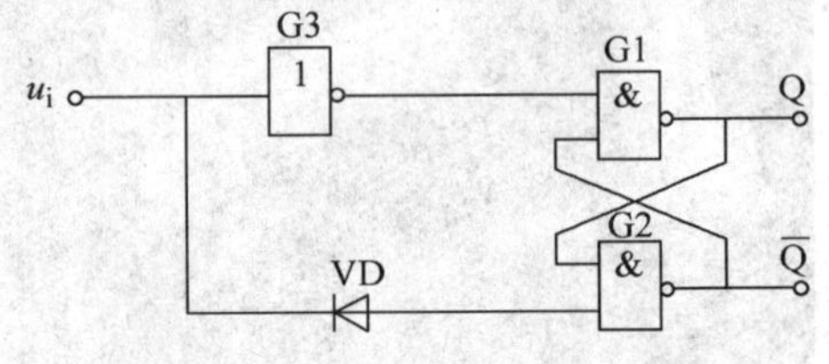

图4-27 TTL与非门施密特电路

当输入信号 $u_i=0$ 时，$Q=0$，$\overline{Q}=1$，电路处于稳定状态。当 u_i 上升到 $V_{T+}=V_T$ 时，电路发生翻转，$Q=1$，$\overline{Q}=0$，于是电路处于另一个稳定状态。此后，u_i 继续升高，电路状态保持不变。如果 u_i 上升到最大值后开始下降，直到下降为 $V_{T-}=V_T-V_{VD}$时，电路再次翻转并返回到 $Q=0$，$\overline{Q}=1$ 的状态。其中，电路的回差电压 $\triangle V_T=V_{VD}$。V_{VD}为二极管的正向压降。可见该回差电压值较小。

二、集成施密特触发器

施密特触发器的电路结构如图4-28a所示，它由输入级、中间级、反相级和输出级等四部分组成。

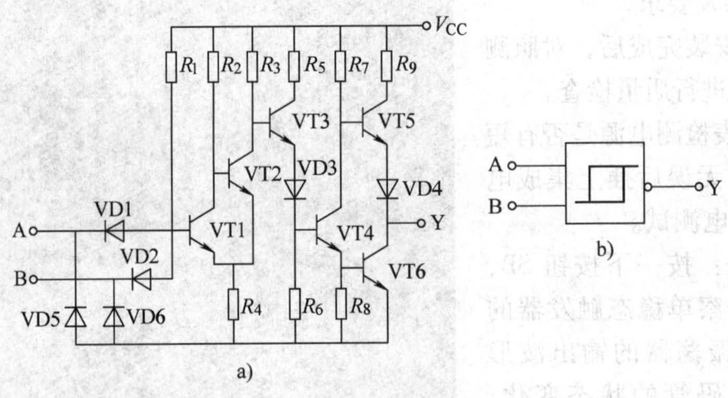

图4-28 集成施密特触发器

a）电路 b）逻辑符号

输入级由VD1、VD2、R_1 和VD5、VD6组成。VD5、VD6是钳位二极管。当输入正信号时，VD5、VD6处于反偏状态而截止，不影响电路正常工作。对于有负信号输入时，VD5、VD6导通，起短路作用。VD1、VD2和 R_1 组成二极管与门，实现“与”逻辑功能。

中间级由VT1、VT2、R_2、R_3 和 R_4 组成（施密特电路）。

反相放大级由VT3、VD3、R_5、R_6 和 R_7、VT4、R_8 组成。VT3、VD3、R_5、R_6 起电平位移作用，使施密特触发器的输出能与输出级配接。另外，VT3、VT4还可以提高电路的带负载能力。

输出级由VT5、VD4、VT6、R_9 组成。

与 TTL 与非门相比较，图 4-28a 所示电路的主要差别在于多了一个施密特电路。其输入、输出之间存在着与非的逻辑关系。因此该电路叫做施密特触发与非门。图 4-28b 是它的逻辑符号，其中“⎍”号表示与非门内含施密特电路。当图 4-26a 所示电路的输入端只有一个时，它就是施密特反相器。

常用的集成施密特触发门电路有：

六反相器 T1014、T4014、CC40106；

四 2 输入与非门 T1132、T3132、CC4093、CD4093；

双 4 输入与非门 T1013、T4013。

本节所采用的是施密特四 2 输入与非门 CD4093，其外形如图 4-29 所示，引脚排列如图 4-30 所示。

图 4-29　CD4093 的外形

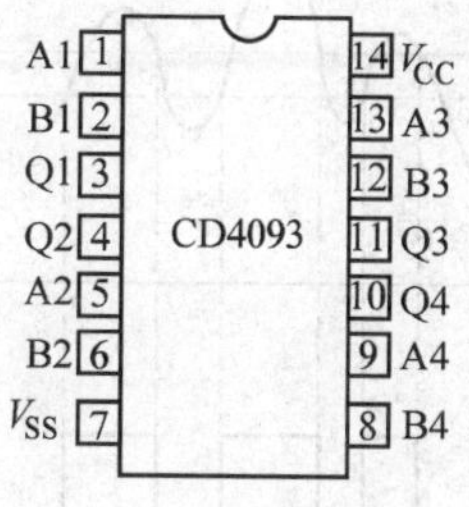

图 4-30　CD4093 的引脚排列

现对 CD4093 的各引脚功能说明如下：

（1）V_{CC}—电源。

（2）V_{SS}—地。

（3）A1、B1—第一个施密特与非门的输入端。

（4）Q1—第一个施密特与非门的输出端。

（5）A2、B2—第二个施密特与非门的输入端。

（6）Q2—第二个施密特与非门的输出端。

（7）A3、B3—第三个施密特与非门的输入端。

（8）Q3—第三个施密特与非门的输出端。

（9）A4、B4—第四个施密特与非门的输入端。

（10）Q4—第四个施密特与非门的输出端。

说明施密特触发器和普通双稳态触发器有哪些区别？

想一想

三、施密特触发器的应用

1. 脉冲整形

脉冲信号经过长距离传输后，由于受到某些因素的干扰，信号经常会产生变形，这种变形可以通过施密特触发器加以整形。施密特触发电路对信号的整形作用如图4-31所示。

2. 幅度鉴别电路

幅度鉴别电路可以用来鉴别输入信号的大小。假设向施密特触发电路输入一串幅度不等、波形杂乱的信号，如图4-32所示。只有那些幅度超过V_{T+}的脉冲信号才能使电路发生翻转，并输出一个矩形脉冲；而那些幅度小于V_{T+}的脉冲信号，则不能使电路翻转，电路无脉冲输出。可见施密特触发电路可以鉴别输入信号幅度的大小。

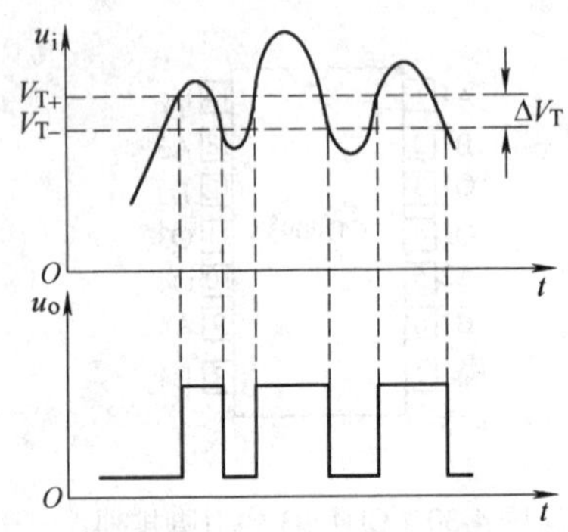

图4-31　施密特触发电路对信号的整形作用

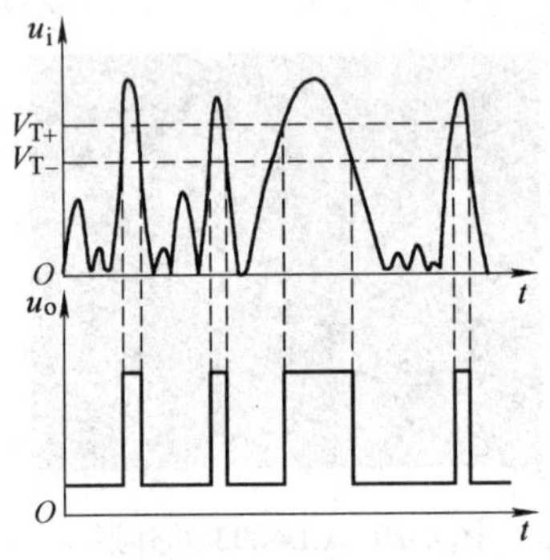

图4-32　施密特触发电路幅度鉴别作用

3. 脉冲延迟电路

脉冲延迟电路如图4-33所示。图中，R、C组成积分电路。当输入的脉冲信号使电容器C两端电压上升到V_{T+}时，施密特反相器由低电平上跳为高电平，从而使输出脉冲比输入脉冲相应延迟一段时间。

4. 单稳态电路

利用施密特反相器可以构成单稳态电路，如图4-34所示。

接通电源后，$u_i = V_{DD}$、$u_A = V_{DD}$，所以$u_C = 0$，而输出电压$u_o = 0$。这就是稳态。

在输入端负脉冲到达的瞬间，电容器C两端的电压不能突变，$u_A = 0$，施密特反相器的状态发生翻转，u_o跳变为V_{DD}，形成暂稳态。

在暂稳态过程中，V_{DD}经电

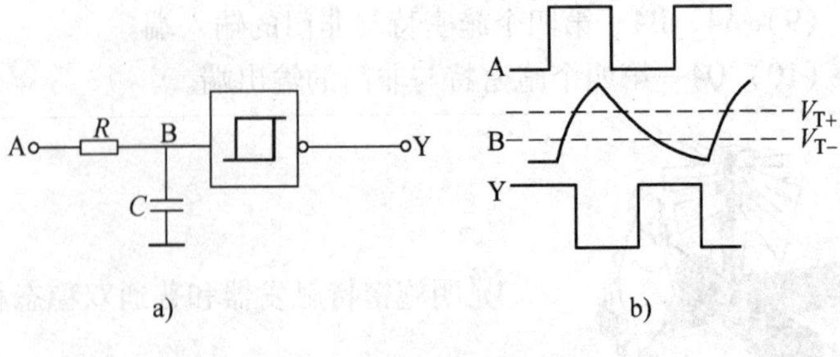

图4-33　脉冲延迟电路

a）电路　b）波形

阻 R 对电容器 C 进行充电。随着电容器 C 的不断充电，u_A 逐渐上升。当 $u_A = V_{T+}$ 时，u_o 下跳为 0，暂稳态过程结束。

电路的输出脉冲宽度由计算可得：

$$t_W = 0.7RC$$

5. 多谐振荡器

利用施密特反相器也可以构成多谐振荡器，如图 4-35a 所示。

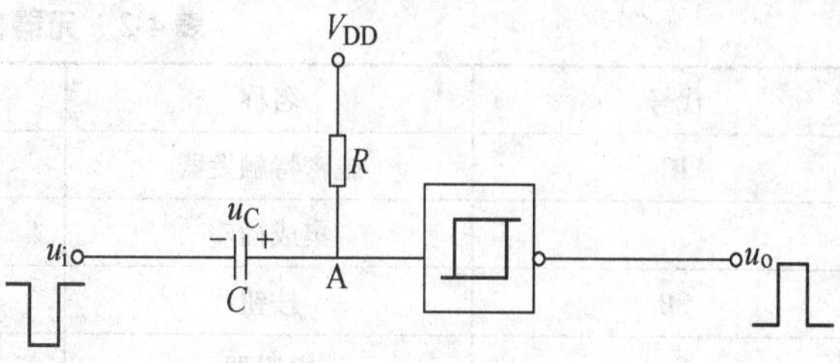

图 4-34　由 CMOS 施密特反相器构成的单稳态电路

电源接通瞬间，电容器 C 两端的电压为 0，u_o 为高电平，u_o 的高电平经 R 对电容器 C 充电。于是，电容器 C 两端的电压 u_C 逐渐上升，当 $u_i(u_C) = V_{T+}$ 时，施密特反相器输出为 0。之后，电容器开始放电，u_i 不断下降，当 $u_i = V_{T-}$ 时，施密特反相器翻转为高电平。如此反复，形成振荡，其输入、输出波形如图 4-35b 所示。

利用施密特触发器还可以将正弦波、三角波变换成矩形波。

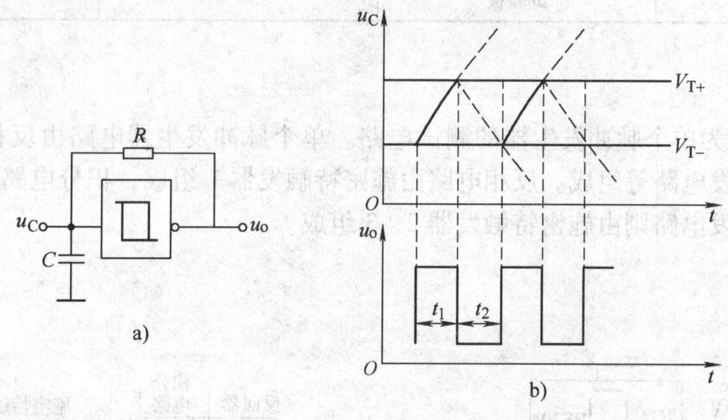

图 4-35　由施密特反相器构成的多谐振荡器

a）电路　b）波形

技能训练 12　单个脉冲发生器电路的安装与测试

一、训练目的

1. 掌握施密特触发器的工作原理。
2. 掌握单个脉冲发生器电路的安装和测试技能。

二、训练器材

1. 工具及仪表

电子钳、电烙铁、镊子等常用电子组装工具 1 套，焊锡若干；+15V 稳压电源 1 台、万用表 1 块，直流毫安表（0 ~ 30mA）1 块；直流微安表（0 ~ 130μA）1 块；电子管直流电压表 1 块；示波器 1 台。

2. 元器件

元器件明细见表 4-2。

表 4-2 元器件明细

代号	名称	型号	数量
IC	施密特触发器	CD4093	1
	集成插座	14 脚	1
SB	按钮		1
R_1	电阻器	5.1kΩ	1
R_3、R_5	电阻器	33kΩ	2
R_2	电阻器	390Ω	1
R_4	电阻器	130Ω	1
VD1	二极管	1N4148	1
C_1	电容器	10μF	1
	试验板		1

3. 测试电路

图 4-36 所示为单个脉冲发生器的测试电路。单个脉冲发生器电路由反相器电路、积分电路及施密特触发电路等组成。反相电路由施密特触发器 1 组成，积分电路由 R_2、R_3 及 C_1 组成，施密特触发电路则由施密特触发器 2、3 组成。

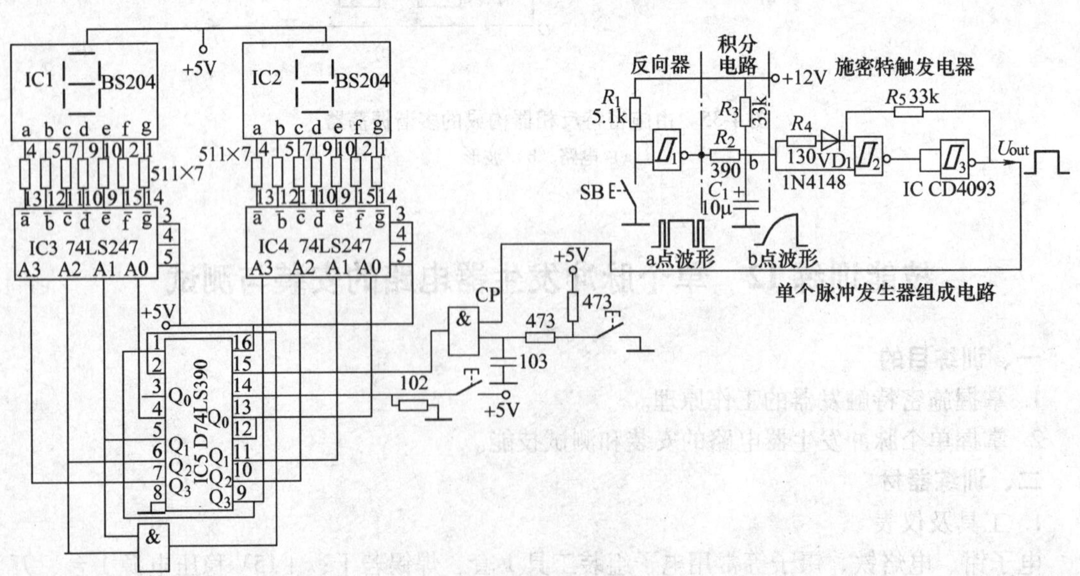

图 4-36 单个脉冲发生器的测试电路

单个脉冲发生器的脉冲是由按钮产生的，每按动一个按钮 SB 可产生一个脉冲信号，它是一个典型的单脉冲发生电路。在理想的状态下，每按动一次按钮 SB，在反相电路的输出端应产生一个脉冲，但实际上在按动按钮的过程中，由于按钮触头的颤动，产生的脉冲则不只一个，即波形发生抖动（见 a 点波形）。为了消除这种抖动，专门增加了积分电路，使抖动的波形变为一个缓慢变化的波形（见 b 点波形）。电路中 R_3 及 C_1 可以确定时间常数，决定积分电路输出的波形，R_2 是 C_1 的泄放电阻。缓慢变化的积分信号经施密特触发电路整形后，可在输出端得到一个消除开关抖动的单个脉冲。电路中的 R_4、R_5、VD1 是施密特触发电路必要的延迟反馈元器件。

单个脉冲发生器的计数显示部分可用以前所做的六十进制计数器，将单个脉冲发生器的输出直接接到六十进制计数器的 CP 端。

三、训练内容及步骤

1. 根据表 4-2 配齐元器件，识别元器件并进行性能测试

（1）识别集成电路　熟悉施密特四 2 输入与非门 CD4093 的外形及其引脚功能。

（2）元器件检测

1）清点元器件。按表 4-2 核对元器件的数量、型号和规格，如有短缺、差错应及时补缺和更换。

2）检测元器件。用万用表的电阻挡对元器件进行检测，对不符合质量要求的元器件予以剔除并更换。

2. 万能电路板的装配

（1）画出装配图　根据电原理图正确进行安装图的设计，可以两面布线，以焊点一面为主，图中焊点、连接线、元器件都是安装时的实际位置，实线表示焊点一面的连接线，虚线表示元件一面的连接线，连接线画的要平直，不能交叉。

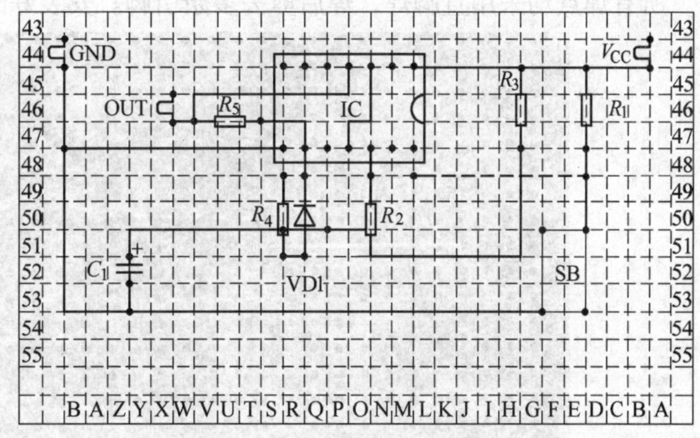

图 4-37　装配图

装配图如图 4-37 所示。实际安装电路板的焊点面如图 4-38 所示。

（2）试验板的插装与焊接

1）按装配图将元器件插装到试验板上，其安装原则是：先低后高，先里后外，且上道工序不得影响下道工序的安装。

2）电阻器应采用卧式安装，需要占用四个焊盘，要求紧贴板面安装，色标法电阻的色环标志顺序方向一致。

3）集成电路应安装到相应插座上，要求插座的标记口的方向应与实际集成块标记口方向一致。将集成电路插入插座时，应避免插反及引脚未完全插入等现象。14 脚的插座占 4 × 7 个焊盘。

4）按钮占用 3 ×4 个焊盘。

5）电容器占用两个焊盘，引脚高度约为3mm。

6）导线连线在焊点面上拐弯时，均采用直角形状，且直角处用焊点加以固定。

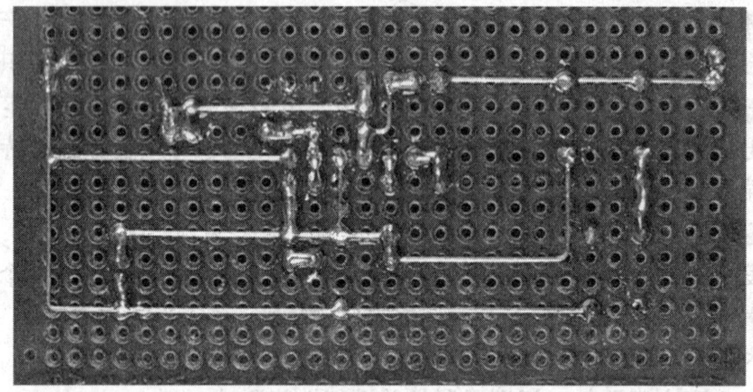

图4-38 实际安装电路板的焊点面

所有焊点均采用直脚焊，焊后剪去多余引脚。安装好的电路板如图4-39所示。

图4-39 单个脉冲发生器电路板

（3）测试步骤及要求

1）电路板安装完成后，对照测试电路和装配图进行质量检查。

2）用万用表检测电源是否有短路问题，待确认无误后插上集成电路，然后方可通电测试。

测试要求为：按一下按钮SB，用双踪示波器观察单稳态触发器 u_a、u_b、u_{OUT} 的输出波形，观察数码管的状态变化，并作相应记录。

3）完成测试记录，并分析测量结果。

第三节 555定时器及其应用

555集成定时器是一种多用途单片集成电路，利用它可以极方便地构成施密特触发器、单稳态触发器和多谐振荡器。555 定时器具有使用灵活、方便的优点，因而得到了广泛的应用。

一、555 集成定时器

常用的555 集成定时器有 TTL 定时器和 CMOS 定时器两种类型，两者的工作原理基本相同。图 4-40 所示为 CMOS 定时器 CC7555，它由电阻分压器、两个电压比较器 A、B 和基本 RS 触发器、放电管 V 以及输出缓冲门 G5、G6 组成。

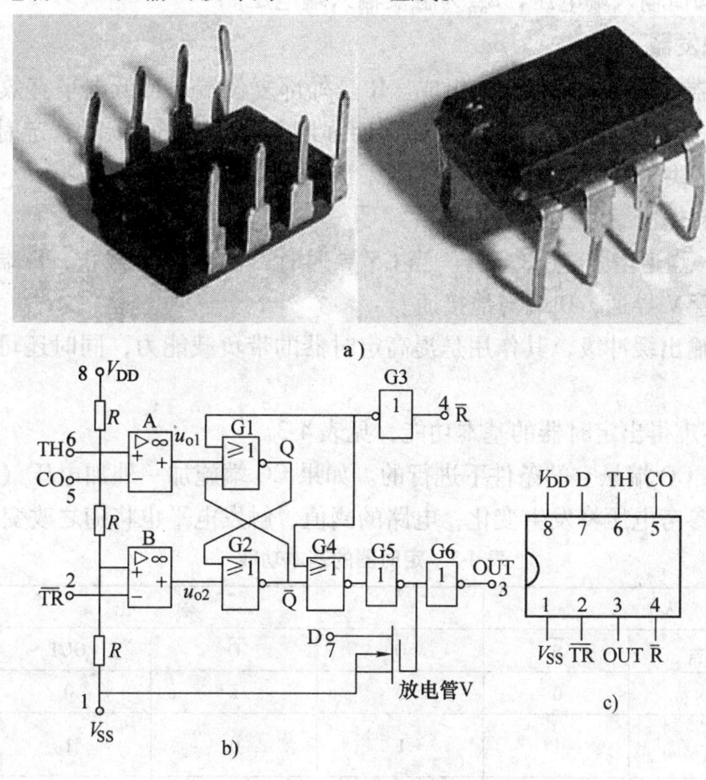

图 4-40　集成定时器 CC7555

a）555 外形　b）电路组成　c）外部引脚

1. 电阻分压器

电阻分压器由 3 个阻值相同的电阻 R 串联而成。由于集成运算放大器具有高输入阻抗的特点，当 CO 端不施加电压时，$u_{CO}=\frac{2}{3}V_{DD}$，而集成运算放大器 B 的“+”端电压为 $\frac{1}{3}V_{DD}$。

2. 电压比较器

定时器的主要功能取决于集成运算放大器 A、B 组成的比较器。比较器的输出直接控制基本 RS 触发器和放电管 V 的状态。比较器的输出与输入之间的关系如下：

1）$u_{TH}>\frac{2}{3}V_{DD}$，$u_{O1}=1$。

2）$u_{TH} < \frac{2}{3}V_{DD}$，$u_{O1} = 0$。

3）$u_{\overline{TR}} > \frac{1}{3}V_{DD}$，$u_{O2} = 0$。

4）$u_{\overline{TR}} < \frac{1}{3}V_{DD}$，$u_{O2} = 1$。

其中，u_{TH}为阈值输入端电压，$u_{\overline{TR}}$为触发输入端电压。

3. 基本 RS 触发器

基本 RS 触发器由或非门 G1、G2 组成。$\overline{R}$ 是外部复位端，且低电平有效。当 $\overline{R}=0$ 时，Q=0，基本 RS 触发器不管比较器的输出如何而强制复位；当 $\overline{R}=1$ 时，定时器工作，基本 RS 触发器的状态取决于比较器的输出。

4. 放电管 V 和输出缓冲级

放电管 V 为 N 沟道增强型 MOS 管。当 G5 导通时，放电管 V 截止，D 端与地断开；当 G5 关闭时，放电管 V 导通，D 端与地接通。

G5、G6 组成输出缓冲级，其作用是提高定时器的带负载能力，同时还可以隔离负载对定时器的影响。

综上所述，不难得出定时器的基本功能，见表 4-3。

上述讨论是在 CO 端悬空的条件下进行的。如果 CO 端施加一外加电压（其值在 0 ~ V_{DD} 之间），比较器的参考电压将发生变化，电路的阈值、触发电平也将随之改变。

表 4-3　定时器的基本功能

输　入			输　出			
u_{TH}	$u_{\overline{TR}}$	$\overline{R}$	Q	$\overline{Q}$	OUT	放电管 V
×	×	0	0	×	0	导通
$<\frac{2}{3}V_{DD}$	$<\frac{1}{3}V_{DD}$	1	1	0	1	截止
$>\frac{2}{3}V_{DD}$	$>\frac{1}{3}V_{DD}$	1	0	1	0	导通
$>\frac{2}{3}V_{DD}$	$<\frac{1}{3}V_{DD}$	1	1	0	1	截止
$<\frac{2}{3}V_{DD}$	$>\frac{1}{3}V_{DD}$	1	原态	原态	原态	原态

555 定时器电路中的两个比较器工作在开环还是闭环情况下？为什么？

二、555 定时器的应用

1. 单稳态触发器

（1）电路组成 由 555 定时器构成的单稳态触发器如图 4-41a 所示。电路中电阻 R、电容 C 为外接定时元件。

（2）工作原理 当单稳态触发器无触发脉冲信号时，输入端 u_i = “1”，直流电源 $+U_{DD}$ 接通以后，通过电阻 R 向电容器 C 充电，当电容器两端的电压 $u_C(u_{TH})$ 上升到 $\frac{2}{3}U_{DD}$ 时，Q = 0，$\overline{Q}=1$，$u_{OUT}=u_o=0$，放电管 V 开始导通，电容器 C 放电，于是 $u_{TH}<\frac{2}{3}U_{DD}$，而 $u_{\overline{TR}}=u_i$ = “1” $>\frac{1}{3}U_{DD}$。根据 555 定时器的功能可知，此时电路保持原态“0”不变，这种状态即是单稳态触发器的稳定状态，如图 4-41b 所示。

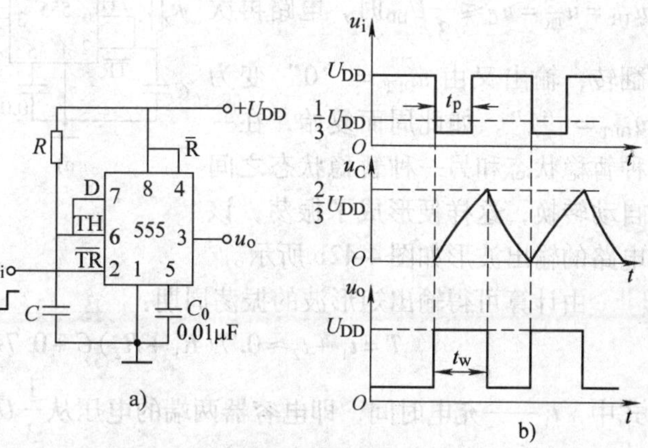

图 4-41 单稳态触发器

a）电路 b）输入、输出波形

当单稳态触发器有触发脉冲信号，即 $u_i=u_{\overline{TR}}$ = “0” $<\frac{1}{3}U_{DD}$ 时，由于 $u_{TH}<\frac{2}{3}U_{DD}$，则触发器的输出将由“0”变为“1”，放电管 V 由导通变为截止，直流电源 $+U_{DD}$ 通过电阻 R 向电容 C 充电，则电容器两端的电压 $u_C(u_{TH})$ 按指数规律上升，当 $u_{TH}=u_C<\frac{2}{3}U_{DD}$ 时，触发器的输出保持原状态“1”不变，这种状态即是单稳态触发器的暂稳状态。

当 $u_C(u_{TH})\geqslant\frac{2}{3}U_{DD}$ 时，又有 $u_{\overline{TR}}>\frac{1}{3}U_{DD}$，电路又发生翻转，Q = 0，$\overline{Q}=1$，$u_{OUT}=0$，放电管 V 导通，电容器 C 放电，电路自动返回到稳定状态。

可见，输出脉冲宽度 t_w 就是暂稳状态持续的时间，即电容器两端的电压从 0 充电至 $\frac{2}{3}U_{DD}$ 所需要的时间。由计算可得：$t_w\approx1.1RC$

2. 多谐振荡器

（1）电路组成 图 4-42a 所示为由 555 定时器构成的多谐振荡器，电路中电阻 R、电容 C 为外接定时元件。

（2）工作原理 在接通电源的瞬间，电容器 C 两端的电压 $u_C=0$，即 $u_{TH}=u_{\overline{TR}}=u_C=0<\frac{1}{3}U_{DD}$，$u_{OUT}=u_0$ = “1”，放电管 V 截止，直流电源通过电阻 R_1、R_2 向电容器 C 充电，于是电容器 C 两端的电压开始上升；当 $u_C\geqslant\frac{2}{3}U_{DD}$，即 $u_{TH}=u_{\overline{TR}}=u_C\geqslant\frac{2}{3}U_{DD}$ 时，电路翻转，

输出就由 u_{OUT} = “1” 变为 u_{OUT} = “0”，放电管 V 导通，于是电容器经 R_2、V 放电，电容器两端的电压逐渐下降，当电容器两端的电压下降到 $u_C \leqslant \frac{1}{3}U_{DD}$，即 $u_{TH}=u_{\overline{TR}}=u_C \leqslant \frac{1}{3}U_{DD}$时，电路再次翻转，输出又由 u_{OUT} = “0” 变为 u_{OUT} = “1”，如此周而复始，在一种暂稳状态和另一种暂稳状态之间自动转换，这样便形成了振荡，该电路的输出波形如图 4-42b 所示。

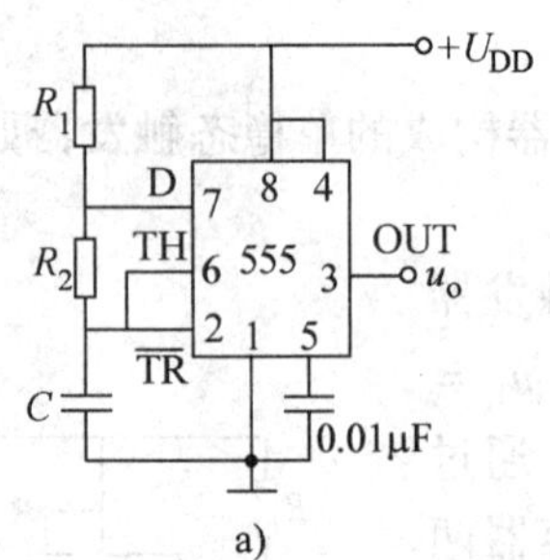

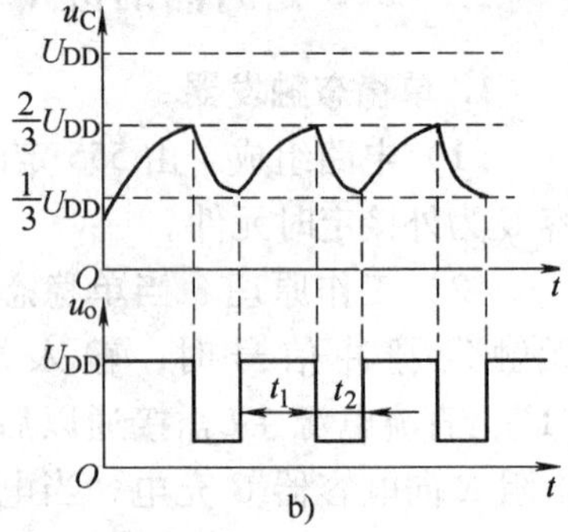

图 4-42　多谐振荡器

a）电路　b）输入、输出波形

由计算可得输出矩形波的振荡周期：

$$T=t_1+t_2\approx 0.7(R_1+R_2)C+0.7R_2C\approx 0.7(R_1+2R_2)C$$

式中　t_1——充电时间，即电容器两端的电压从$\frac{1}{3}U_{DD}$上升到$\frac{2}{3}U_{DD}$所需要的时间。

t_2——放电时间，即电容器两端的电压从$\frac{2}{3}U_{DD}$下降到$\frac{1}{3}U_{DD}$所需要的时间。

电路输出矩形波的占空比：$q=\frac{t_1}{T}=\frac{t_1}{t_1+t_2}=\frac{R_1+R_2}{R_1+2R_2}$。

3. 施密特触发器

施密特触发器是一种具有回差特性的双稳态电路，其特点是：电路具有两个稳态，且两个稳态依靠输入触发信号的电平大小来维持，由第一稳态翻转到第二稳态，再由第二稳态翻回第一稳态所需的触发电平存在差值。

（1）电路组成　由 555 定时器构成的施密特触发器如图 4-43a 所示。

（2）工作原理　当输入信号 $u_i=u_{\overline{TR}}=u_{TH}<\frac{1}{3}U_{DD}$时，输出为高电平；当输入信号$\frac{2}{3}U_{DD}>u_i>\frac{1}{3}U_{DD}$时，电路输出维持原态不变，继续为高电平；当输入信号上升到 $u_i\geqslant\frac{2}{3}U_{DD}$时，电路发生翻转，输出变为低电平；当 u_i 上升到峰值后，u_i 的大小又开始下降，只要 $u_i>\frac{1}{3}U_{DD}$，电路的输出就会维持原态不变，即输出仍然为低电平；当输入信号下降到 $u_i<\frac{1}{3}U_{DD}$时，电路再次翻转，输出又

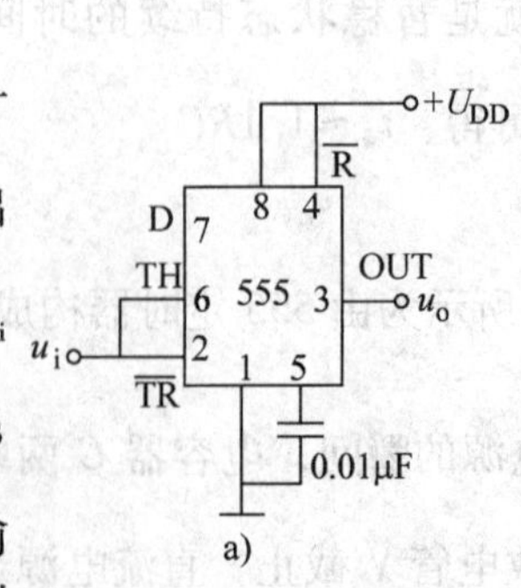

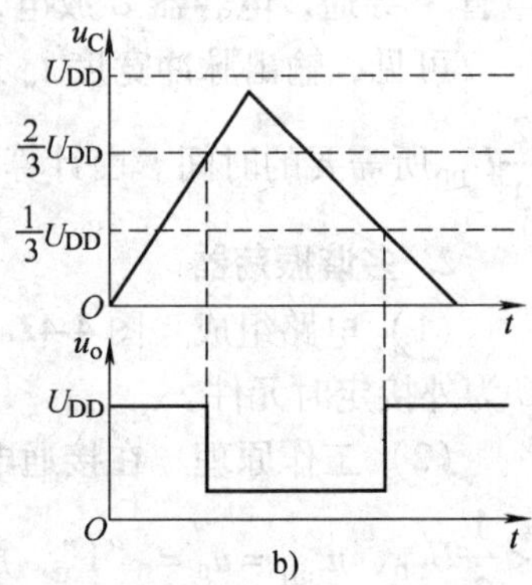

图 4-43　施密特触发器

a）电路　b）输入、输出波形

返回高电平。该电路的输出波形如图 4-43b 所示。

由上述分析可知，在输入信号电压 u_i 上升过程中，当 $u_i \geqslant \frac{2}{3}U_{DD}$时，电路的输出由高电平变为低电平；而在输入信号下降过程中，当 $u_i \leqslant \frac{1}{3}U_{DD}$时，电路的输出由低电平变为高电平。可见该电路具有回差特性，即回差电压 $\Delta V_T = \frac{2}{3}U_{DD} - \frac{1}{3}U_{DD} = \frac{1}{3}U_{DD}$

如果在 CO 端施加直流电压，则可以改变电路回差电压 ΔV_T 的大小，且施加的直流电压越高，ΔV_T 就越大。

想一想

何谓回差电压？如何计算回差电压 ΔV_T 的数值？

技能训练 13 门铃电路的安装与测试

一、训练目的

1. 掌握 555 定时器的工作原理。
2. 掌握 555 定时器应用电路的安装和调试技能。

二、训练器材

1. 工具及仪表

电子钳、电烙铁、镊子等常用电子组装工具 1 套，焊锡若干；+15V 稳压电源 1 台、万用表 1 块，直流毫安表（0~30mA）1 块；直流微安表（0~130μA）1 块；电子管直流电压表 1 台；示波器 1 台。

2. 元器件

元器件明细见表 4-4。

表 4-4 元器件明细

代号	名称	型号	数量
VD1、VD2	二极管	2CP12	2
IC	555 定时器		1
	集成电路插座	8 脚	1
SB	按钮		1
R_1	电阻器	30kΩ	2
R_2、R_4	电阻器	22kΩ	2
R_3	电阻器	47kΩ	1

（续）

代号	名称	型号	数量
C_2	电容器	0.047μF	1
C_4	电容器	50μF	
C_1	电容器	47μF	
C_3	电容器	0.01μF	1
HA	扬声器	0.25Ω8W	1
	试验板		1

3. 测试电路

叮咚门铃的测试电路如图4-44所示。

三、训练内容及步骤

1. 根据表4-4配齐元器件，识别元器件，并进行检测

（1）识别元器件　熟悉555定时器的外形及其引脚功能，熟悉扬声器的外形及其连接方法。

（2）元器件检测

1）清点元器件。按表4-4核对元器件的数量、型号和规格，如有短缺、差错应及时补缺和更换。

2）检测元器件。用万用表的电阻挡对元器件进行检测，对不符合质量要求的元器件予以剔除并更换。

2. 万能电路板的装配

（1）根据图4-44画出装配草图　根据电气原理图正确进行安装图的设计，可以两面布线，以焊点一面为主，图中焊点、连接线、元器件都是安装时的实际位置，实线表示焊点一面的连接线，虚线表示元件一面的连接线，连接线画的要平直，不能交叉。

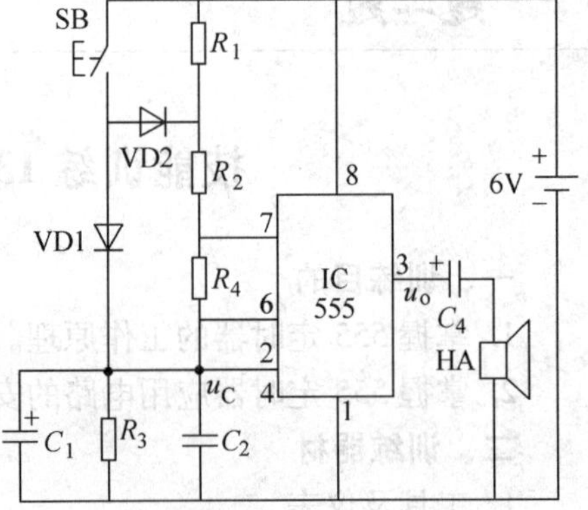

图4-44　叮咚门铃测试电路

装配图如图4-45所示。实际安装电路板的焊点面如图4-46所示。

（2）试验板的插装与焊接

1）按装配图将元器件插装到试验板上，其安装原则是：先低后高，先里后外，且上道工序不得影响下道工序的安装。

2）电阻器采用卧式安装时应占用四个焊盘，且要求紧贴板面安装，色标法电阻的色环标志顺序方向一致。

3）集成电路应安装到相应插座上，要求插座标记口的方向应与实际集成块标记口的方向一致，将集成电路插入插座时，应避免插反及引脚未完全插入等现象。8脚的插座占4×4个焊盘。

4）按钮占用3×4个焊盘。

5）电容器占用两个焊盘，引脚高度约为3mm。

6）导线连线在焊点面上拐弯时，均采用直角形状，直角处用焊点固定。

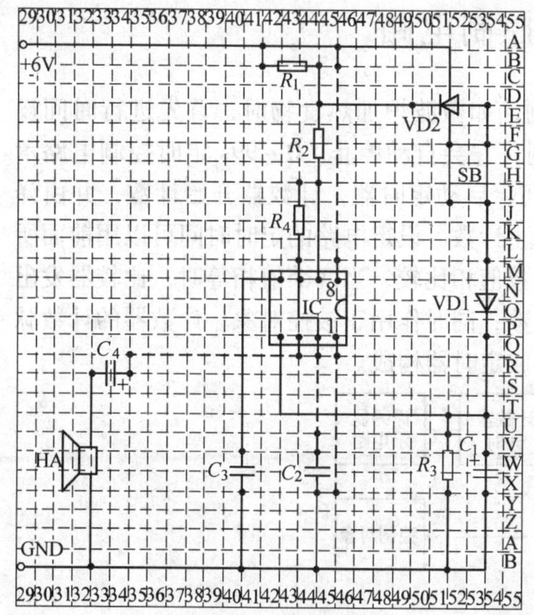

图 4-45　装配图

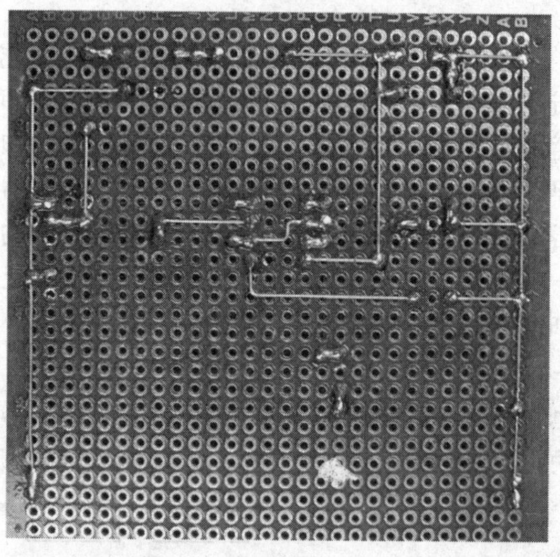

图 4-46　实际安装电路板的焊点面

所有焊点均采用直脚焊，焊后剪去多余引脚。安装好的电路板如图 4-47 所示。

图 4-47　安装好的电路板

3. 测试步骤及要求

1）电路板安装完成后，对照测试电路和装配图进行质量检查。

2）用万用表检测电源是否有短路问题，待确认无误后插上集成电路，然后方可通电测试。

3）测试要求　按下按钮 SB，再松开 SB，用示波器观察 u_C、u_o 的波形，聆听扬声器的声音，并记录。

4）完成测试记录，并分析测量结果，简述叮咚门铃电路的工作原理。

【阅读材料】 0~99s 定时控制电路

在实际生活和生产中，经常要用到定时控制，如微波炉加热食物时，首先进行时间设定，然后才可以启动，微波炉自动加热，时间到，它会自动停止。0~99s 定时控制电路示意框图如图 4-48 所示。由设定电路设定定时时间，启动定时器，计数器开始计数，并由译码显示电路进行显示，当定时时间到，计数器停止计数。设定电路的定时时间可以用前面所学的编码器输入，这个值由比较器与计数器的计数值相比较，当两个值相等时，比较器发出一控制信号封锁计数脉冲，从而使计数器停止计数，同时作用于被控对象。计数器的计数脉冲由脉冲产生电路提供，可以采用常用的 555 集成定时器构成。

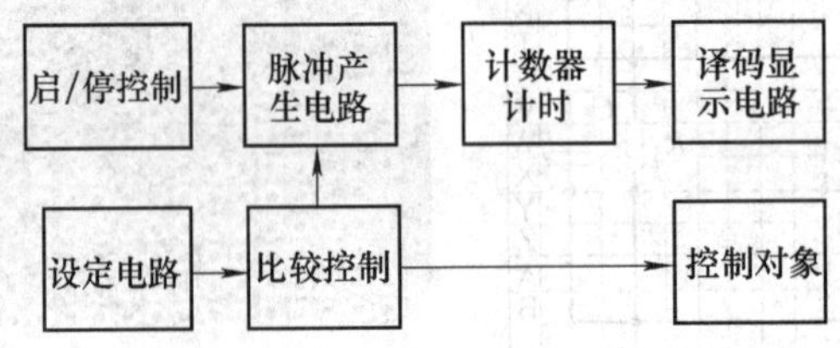

图 4-48 定时控制电路示意框图

0~99s 定时控制电路如图 4-49 所示。

0~99s 定时器由振荡、复位、预置、启动、定时计数、译码显示等部分组成。

1. 脉冲产生电路

脉冲产生电路由 555 集成定时器构成的振荡器组成，如图 4-50 所示，振荡器输出的脉冲周期为 0.5s。

2. 计时电路

计时电路由双二—五十进制计数器 74LS390 组成，74LS390 构成 100 进制的计数器，如图 4-51 所示，SB2 为复位按钮，当按下时，正脉冲加在计数器的复位端，使计数器复位。当有计数脉冲时，按十进制规律进行计数，最大计到 99。

3. 设定电路

设定电路由编码器构成。

编码器的作用由编码开关来实现，将 0~9 转换成 8421 码，如图 4-52 所示。当编码开关拨到显示某数字时，S1~S4 会相应打开或闭合，如编码开关拨到显示数字 10，则 S1 和 S3 打开，S2 和 S4 闭合，输出 8421 码为 1010。

4. 译码显示电路

译码显示电路如图 4-53 所示。

5. 比较控制电路

比较控制电路由比较器和触发器组成。

（1）比较器　四位数字比较器 CMOS4585 的真值表见表 4-5，图 4-54 所示为比较器控制电路，来自编码开关的设定值与计数值相比较，当计数值达到设定值时，输出一控制信号。其引脚排列如图 4-55 所示。

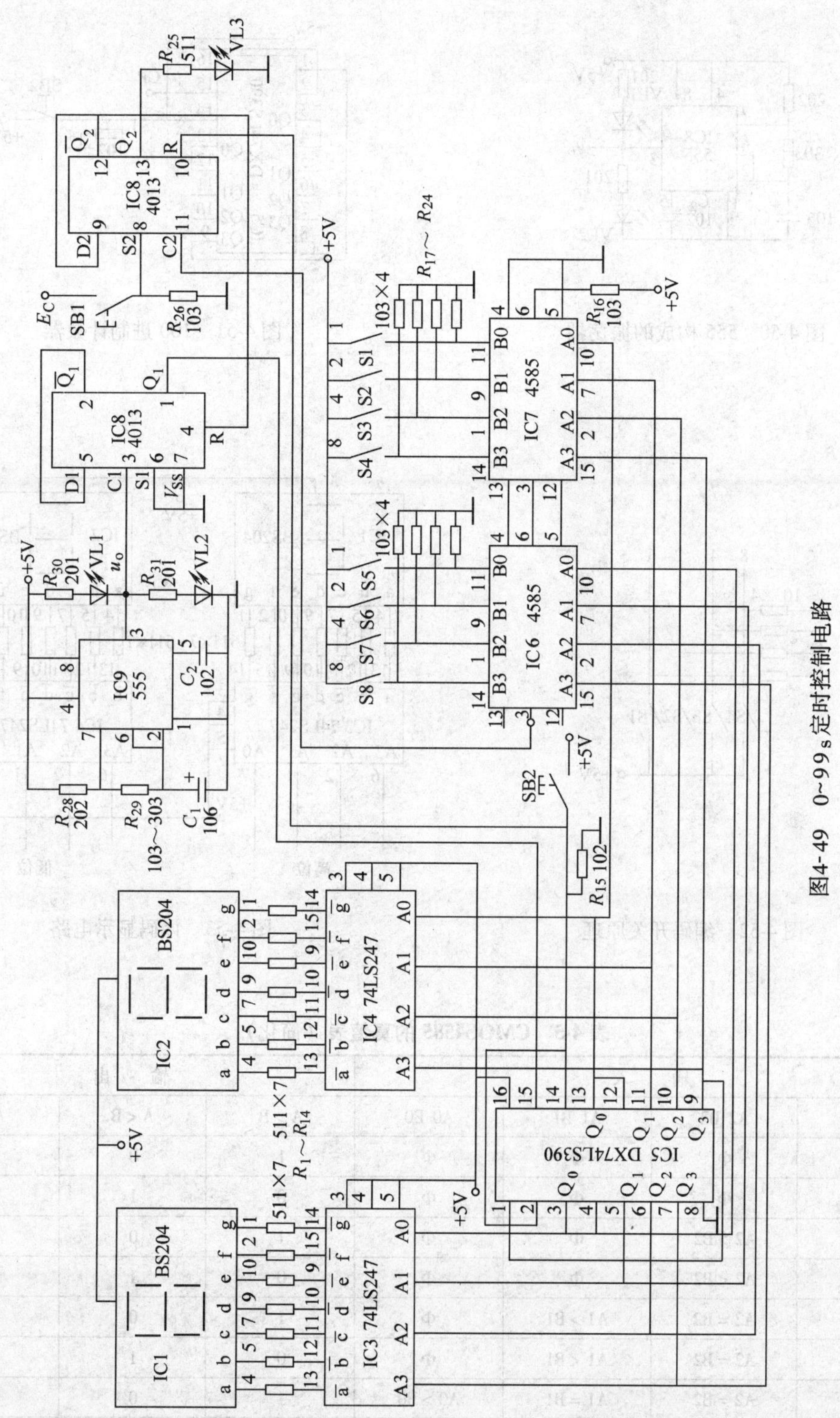

图4-49　0~99s定时控制电路

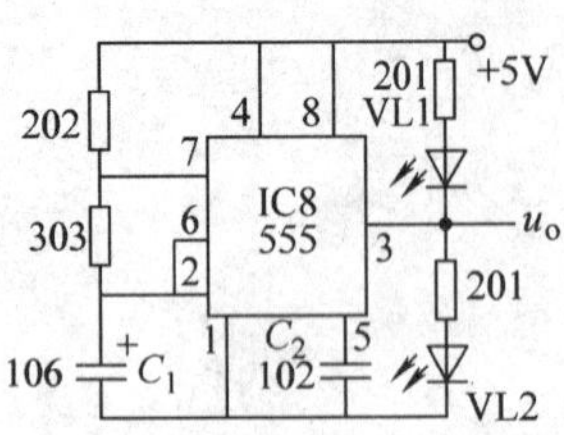

图 4-50 555 构成的振荡器

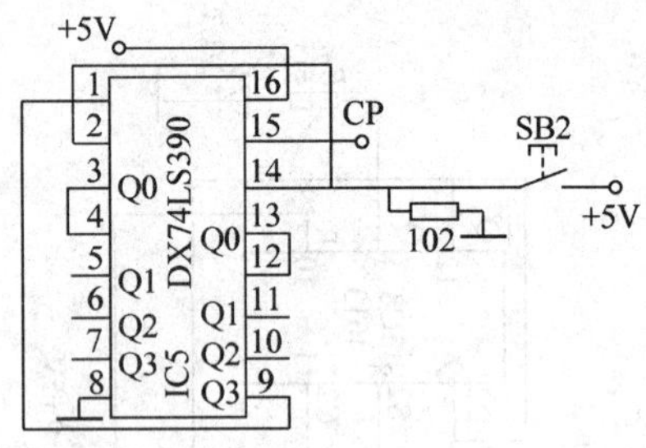

图 4-51 100 进制计数器

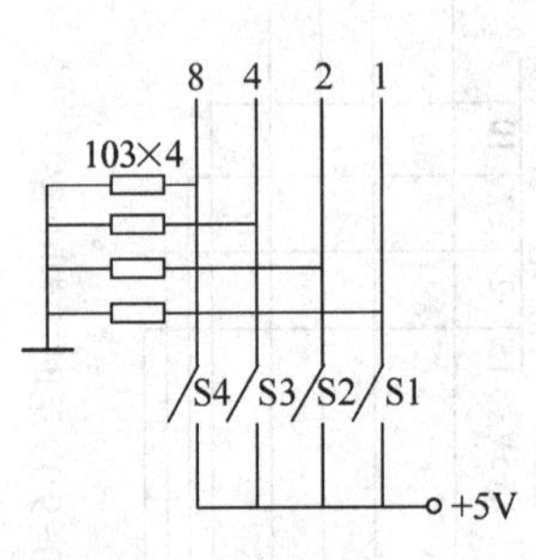

图 4-52 编码开关原理

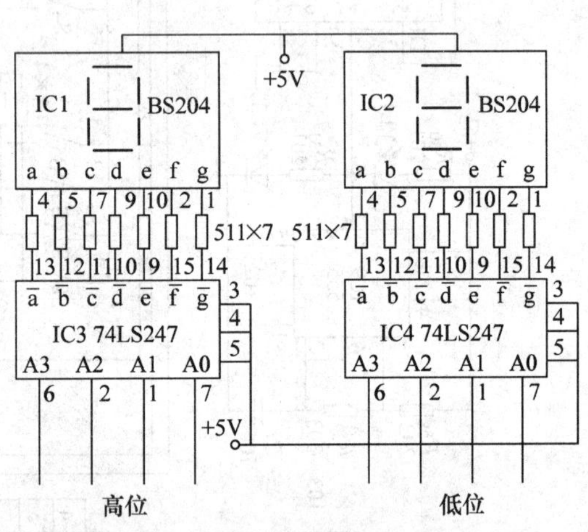

图 4-53 译码显示电路

表 4-5 CMOS4585 的真值表（简化）

输入				输出		
A3 B3	A2 B2	A1 B1	A0 B0	A > B	A < B	A = B
A3 > B3	Φ	Φ	Φ	1	0	0
A3 < B3	Φ	Φ	Φ	0	1	0
A3 = B3	A2 > B2	Φ	Φ	1	0	0
A3 = B3	A2 < B2	Φ	Φ	0	1	0
A3 = B3	A2 = B2	A1 > B1	Φ	1	0	0
A3 = B3	A2 = B2	A1 < B1	Φ	0	1	0
A3 = B3	A2 = B2	A1 = B1	A0 > B0	1	0	0
A3 = B3	A2 = B2	A1 = B1	A0 < B0	0	1	0
A3 = B3	A2 = B2	A1 = B1	A0 = B0	0	0	1

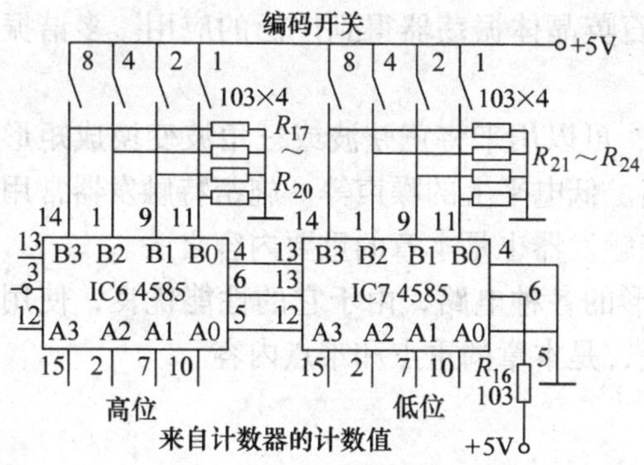

图 4-54　比较器控制电路

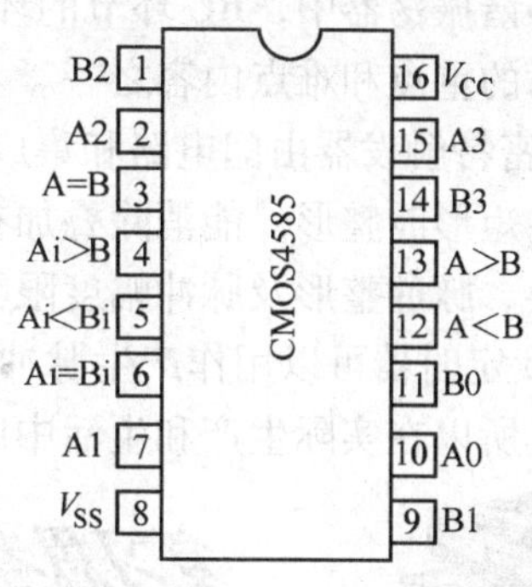

图 4-55　四位数字比较器 CMOS4585 的引脚排列

（2）触发器控制电路　图 4-56 所示为双 D 触发器 CD4013 的引脚排列，可以利用双 D 触发器来控制计数脉冲的通过和封锁，控制原理如图 4-57 所示。SB1 为启动按钮，当 SB1 按下时，正脉冲加在置“1”端（S2），使 $Q_2=1$，$\overline{Q_2}=0$，置“0”端 $R_1=0$ 不起作用，周期为 0.5s 的振荡脉冲经 D 触发器二分频后，Q_1 输出周期为 1 的脉冲作为计数器的计数脉冲。当计数值和设定值相等时，比较器的相等控制输出送到 D 触发器的脉冲输入端，使 D 触发器翻转，即 $Q_2=0$，$\overline{Q_2}=1$，使 $R_1=1$，则 $Q_1=0$，封锁计数脉冲。

当手动复位时，$R_2=1$，则 $Q_2=0$，$Q_2=1$，又使 $R_1=1$，故 $Q_1=0$，封锁计数脉冲。

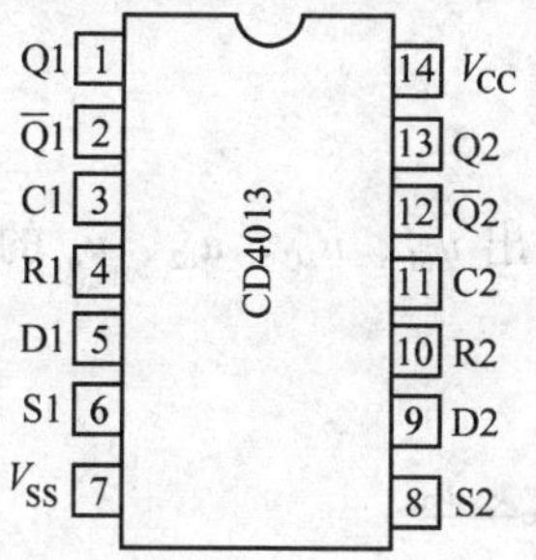

图 4-56　双 D 触发器 CD4013 的引脚排列

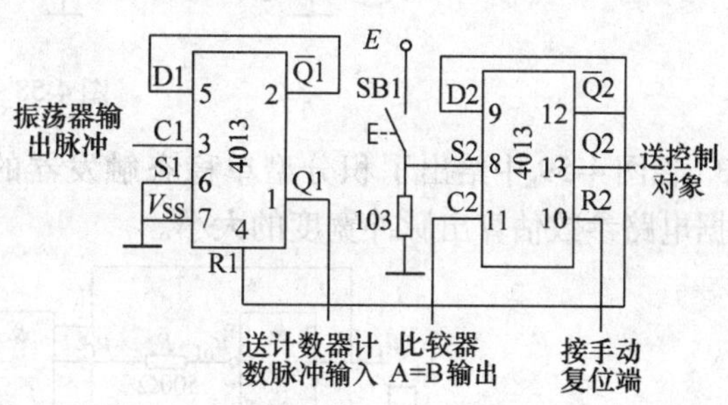

图 4-57　D 触发器控制原理

本 章 小 结

本章主要介绍了典型的脉冲整形和波形变换电路，它们是单稳态触发器、施密特触发器、多谐振荡器，并且重点介绍了由 555 定时器组成的单稳态触发器、施密特触发器、多谐振荡器以及 555 定时器的应用。

1）单稳态触发器只有一个暂稳态、一个稳态。在外加脉冲信号的作用下，单稳态触发器能够从稳态翻转到暂稳态，经过一段时间又能返回到稳态，电路处于暂稳态的时间取决于电路本身的参数，而与外电路无关。单稳态触发器在数字电路中多用于定时、整形和延时等。单稳态触发器是本章的重点内容之一。

2）多谐振荡器主要用于产生触发脉冲，它不需要外界的出发信号，电路可自动形成矩形脉冲。多谐振荡器中，RC 环节的环形振荡器和石英晶体振荡器得到广泛的应用。多谐振荡器是本章的重点和难点内容之一。

3）施密特触发器由门电路和集成逻辑门组成，可以用来将正弦波或三角波变换成矩形波，也可将矩形波整形，能消除叠加在矩形脉冲高、低电平上的噪声等。施密特触发器常用于波形变换、脉冲整形及脉冲幅度限幅等。施密特触发器也是本章的重要内容之一。

4）555 定时器可以用作产生脉冲和对信号整形的各种电路，由于它的性能优良，使用灵活方便，所以在实际生产和生活中应用非常广泛，是本章的重点和难点内容。

复习思考题

1. 在数字电路中单稳态触发器主要应用在哪些方面？

2. 在图 4-58 中给出了微分型单稳态触发器的电路，试画出 u_{o1}、u_{oC}、u_{o2}、u_o 的波形，并根据电路参数估算出脉冲宽度的大小。

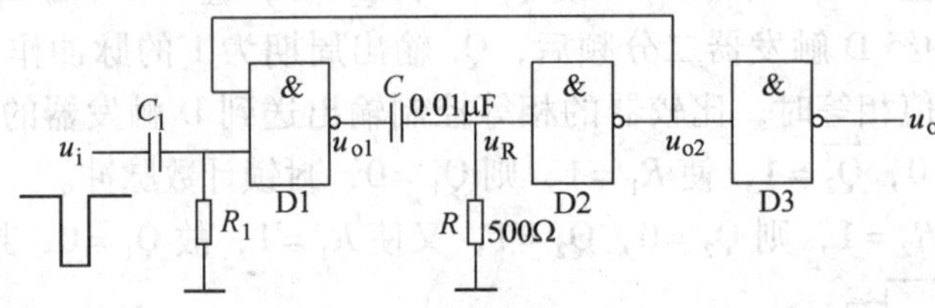

图 4-58

3. 在图 4-59 中给出了积分型单稳态触发器的电路，试画出 u_{o1}、u_{oC}、u_{o2}、u_o 的波形，并根据电路参数估算出脉冲宽度的大小。

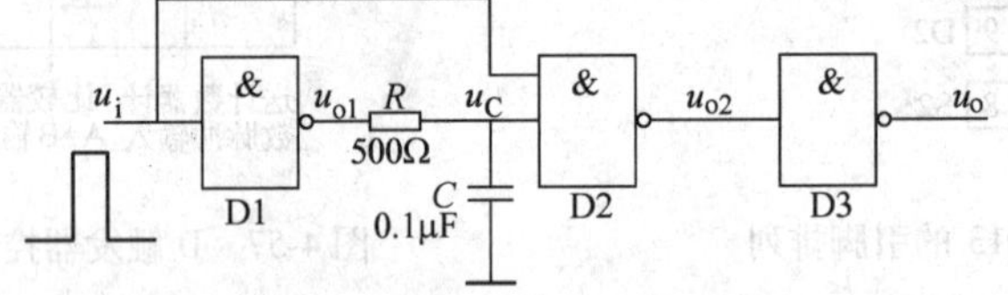

图 4-59

4. 在图 4-60 中给出了由分立元件构成的多谐振荡器，试分析它的工作原理，并估算输出脉冲的周期。

5. 在数字电路中施密特触发器主要应用在哪些方面？

6. 集成 555 定时器如图 4-61 所示，图中 $R=100\text{k}\Omega$，$C=10\mu\text{F}$，输入信号波形 u_i 也表示在图中，试对应画出 u_o 的波形。

7. 由集成 555 定时器组成的多谐振荡器如图 4-62 所示，图中 $R_1=18\text{k}\Omega$，$R_2=2\text{k}\Omega$，电位器 $\text{RP}=110\text{k}\Omega$，$C=$

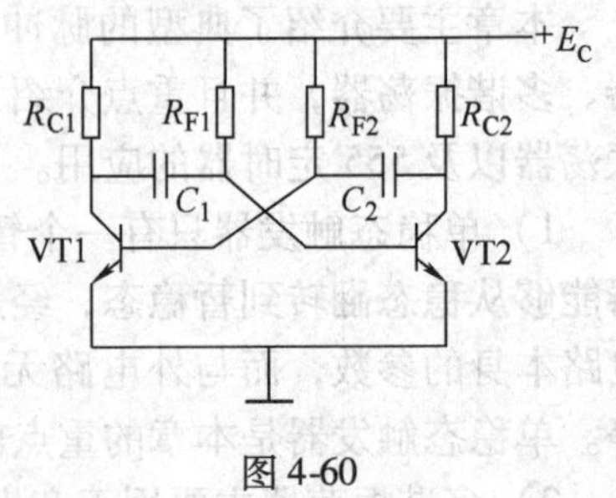

图 4-60

0.01μF。当调节电位器 RP 时，试计算输出脉冲频率的变化范围。

8. 由集成 555 定时器组成的施密特触发器如图 4-63 所示，已知电源电压 $U_{CC}=9V$，输入信号 u_i 波形同时表示在图中，试对应画出输出电压 u_o 的波形。

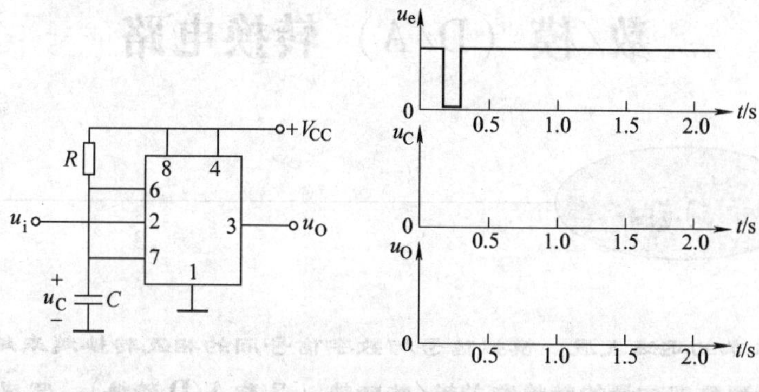

图 4-61

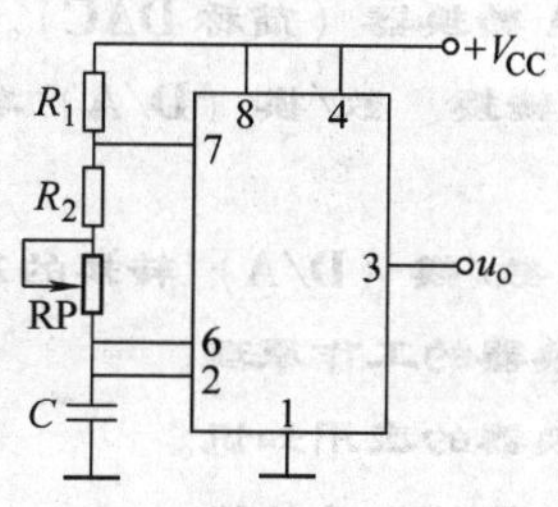

图 4-62

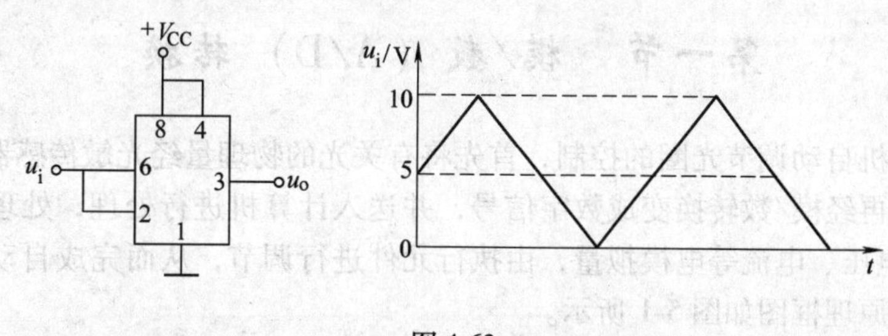

图 4-63

第五章 模/数（A/D）转换及数/模（D/A）转换电路

学习目标

随着电子技术的迅速发展，模拟信号与数字信号间的相互转换越来越显得普及和重要，从模拟信号到数字信号的转换称为模/数转换（又称 A/D 转换），完成 A/D 转换的电路称 A/D 转换器（简称 ADC）；从数字信号到模拟信号的转换称为数/模转换（又称 D/A），完成 D/A 转换的电路称 D/A 转换器（简称 DAC）。

本章主要介绍模/数（A/D）转换、数/模（D/A）转换的原理及应用等内容。本章的学习目标：

1. 掌握模/数（A/D）转换、数/模（D/A）转换的基本知识。
2. 掌握 A/D 转换器 D/A 转换器的工作原理。
3. 熟悉 A/D 转换器 D/A 转换器的应用知识。
4. 掌握 A/D 转换器 D/A 转换器的安装技能。

第一节 模/数（A/D）转换

全自动照相机自动调节光圈的控制，首先将有关光的物理量经光敏传感器变成电压、电流等电模拟量，再经模/数转换变成数字信号，并送入计算机进行处理，处理后的结果又经数/模转换变成电压、电流等电模拟量，由执行元件进行调节，从而完成自动调节光圈的控制。其控制过程原理框图如图 5-1 所示。

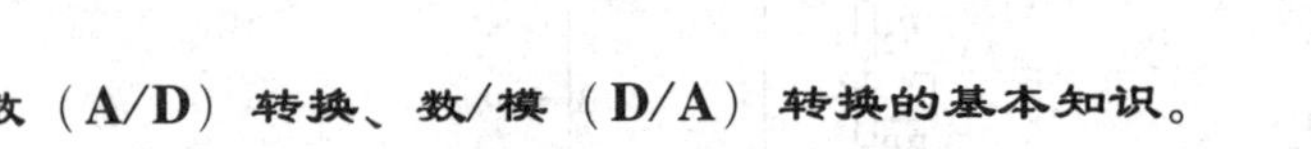

图 5-1 控制过程原理框图

常用的 A/D 转换器有逐次渐近型、双积分型等 A/D 转换器。双积分型 A/D 转换器的工作速度较低，但其电路结构比较简单，且具有较强的抗干扰能力，因而在转换速度要求不高的场合，如普通数字式仪器和仪表等，它的应用较多。而逐次渐近型 A/D 转换器由于具有转换精度高、转换速度快等优点，也获得了较为广泛的应用。

一、转换过程

A/D 转换过程一般需经过采样和保持、量化和编码两大步骤，将模拟量转换成相应的数字量。

1. 采样和保持

由于 A/D 转换需要一定的时间，要将时间上连续变化的模拟量变成时间上离散的数字量，首先要对模拟量进行周期性地采样和保持，即每隔一定的时间间隔对模拟信号采样一次，并保持该值直到下一个采样时刻，如图 5-2 所示。

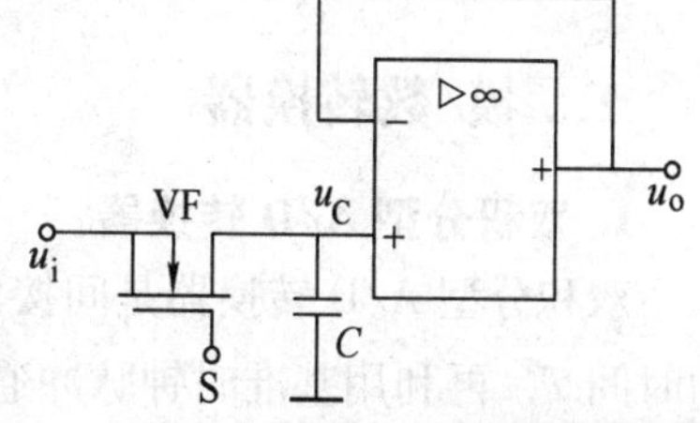

图 5-2　采样-保持电路

在场效应晶体管 VF 下的栅极上加上频率为 f_S 的采样脉冲 S，当 S 为高电平时，场效应晶体管导通，模拟信号 u_i 通过场效应晶体管对电容器 C 充电，将 u_i 的采样值存储到电容器 C 上；当 S 为低电平时，场效应晶体管截止，由于集成运放的输入阻抗很大，u_C 就保持采样结束前的值，直到下一个采样脉冲的到来，即 $u_o = u_C$。

根据采样原理，采样频率 $f_S \geqslant 2f_{imax}$（f_{imax} 为输入 u_i 的最高频率）时，采样信号 u_o 才能表达模拟信号 u_i，为保证信号不失真，通常取 $f_S = (5 \sim 10)f_{imax}$。

2. 量化和编码

经过采样—保持后的模拟电压是一个个离散的电压值。对这么多离散电压直接进行数字化（即用有限个 0 和 1 表示）是不可能的，为此需对这些离散电压先进行量化，就是将离散电压幅度值化为某个最小单位电压（量化单位△）的整数倍，即进行取整。

编码就是将量化的数值用二进制代码表示。对采样后这些离散电压量化的方法有两种：

（1）只舍不入法　例如把（0～1V）模拟电压用三位二进制数码来表示，取量化单位△＝V1/8，三位 A/D 转换器模—数转换对应关系见表 5-1。

表 5-1　只舍不入法对应关系

输入模拟电压/V	量化值/V	二进制输出	输入模拟电压/V	量化值/V	二进制输出
$0 \leqslant u_o < 1/8$	0(0△)	000	$4/8 \leqslant u_o < 5/8$	4/8(4△)	100
$1/8 \leqslant u_o < 2/8$	1/8(1△)	001	$5/8 \leqslant u_o < 6/8$	5/8(5△)	101
$2/8 \leqslant u_o < 3/8$	2/8(2△)	010	$6/8 \leqslant u_o < 7/8$	6/8(6△)	110
$3/8 \leqslant u_o < 4/8$	3/8V(3△)	011	$7/8 \leqslant u_o < 1$	7/8(7△)	111

模拟信号采样值不一定恰好等于某个量化值，总会有偏差，这种偏差称为量化误差。上述量化方法中的最大量化误差为△＝V1/8。

（2）有舍有入法　取量化单位△＝V2/15，转换对应关系见表 5-2。

最大量化误差为△＝V2/15，显然量化单位越小，量化误差就越小。

表 5-2 有舍有入法对应关系

输入模拟电压/V	量化值/V	二进制输出	输入模拟电压/V	量化值/V	二进制输出
$0 \leqslant u_o < 1/15$	0(0△)	000	$7/15 \leqslant u_o < 9/15$	8/15(4△)	100
$1/15 \leqslant u_o < 3/15$	2/15(1△)	001	$9/15 \leqslant u_o < 11/15$	10/15(5△)	101
$3/15 \leqslant u_o < 5/15$	4/15(2△)	010	$11/15 \leqslant u_o < 13/15$	12/15(6△)	110
$5/15 \leqslant u_o < 7/15$	6/15(3△)	011	$13/15 \leqslant u_o < 1$	14/15(7△)	111

二、模/数转换器

1. 双积分型 A/D 转换器

双积分型 A/D 转换器是间接法的一种。它先将模拟电压信号 u_i 转换成与其大小成正比的时间 T，再利用基准时钟脉冲通过计数器将 T 变换成数字量。

双积分型 ADC 电路原理如图 5-3 所示，它由积分器、零值比较器、时钟控制门、计数器和标准电压源四部分组成。各部分的功能如下：

（1）积分器　它由集成运算放大器和 RC 积分电路组成，这是转换器的核心部分。它的输入端接开关 S，开关 S 受触发器 F_n 的控制，当 $Q_n=0$ 时，S 接入待转换的模拟电压信号 u_i，积分器对输入信号电压 u_i 进行积分；当 $Q_n=1$ 时，S 接入基准电压 $-u_R$，积分器对 $-u_R$ 积分。积分器输出 u_o 接零值比较器。

（2）零值比较器　当积分器输出 $u_o \leqslant 0$ 时，比较器输出 $u_c=1$；当积分器输出 $u_o>0$ 时，比较器输出 $u_c=0$。零值比较器的输出 u_c 作为时钟控制门 G 的控制信号。

（3）时钟控制门 G　时钟控制门有两个输入端，一个接标准时钟脉冲源 CP，一个接比较器的输出 u_c。当零值比较器的输出 $u_c=1$ 时，G 门打开，标准时钟脉冲通过 G 门加到计数器，当零值比较器的输出 $u_c=0$ 时，G 门关，标准时钟脉冲不能通过 G 门加到计数器，计数器停止计数。

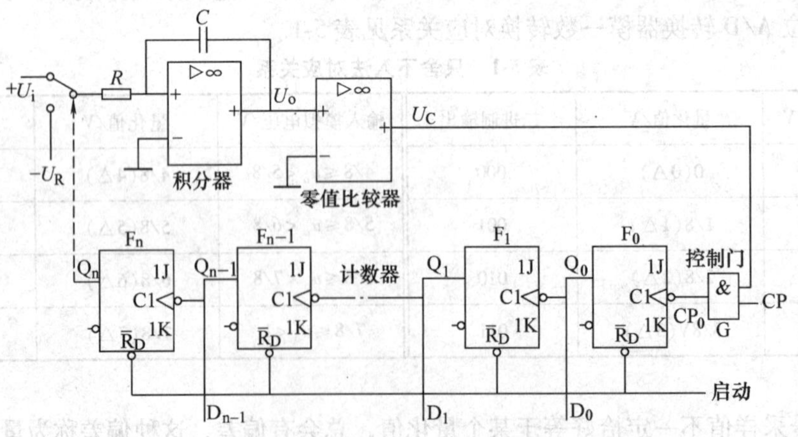

图 5-3 双积分型 ADC 电路

（4）计数器　它由 $n+1$ 个触发器组成，触发器 $F_{n-1} \cdots F_1F_0$ 组成 n 位二进制计数器，触发器 F_n 实现对开关 S 的控制。

当将模拟量转换成数字量时，计数器电路在启动脉冲的作用下，全部触发器被置0，触发器 F_n 的输出 $Q_n=0$，使开关S接输入模拟电压 u_i，电容器 C 上电压的初始值为0，对输入信号开始正向积分，则此时 $u_o \leqslant 0$，比较器输出 $u_c=1$，G门开，n 位二进制计数器开始计数。当计数器计入 2^n 个脉冲后，触发器 $F_{n-1} \cdots F_1F_0$ 的状态由1…11回到0…00，F_{n-1}触发 F_n，使 $Q_n=1$，发出定时控制信号，使开关转接到 $-u_R$，积分器开始负向积分，u_o 逐步上升。同时触发器再从0…00开始计数。当积分器输出 $u_o>0$ 时，零值比较器输出 $u_o=0$，G门关，计数器停止计数，此时计数器所计二进制数即为待转换模拟电压的数字量。

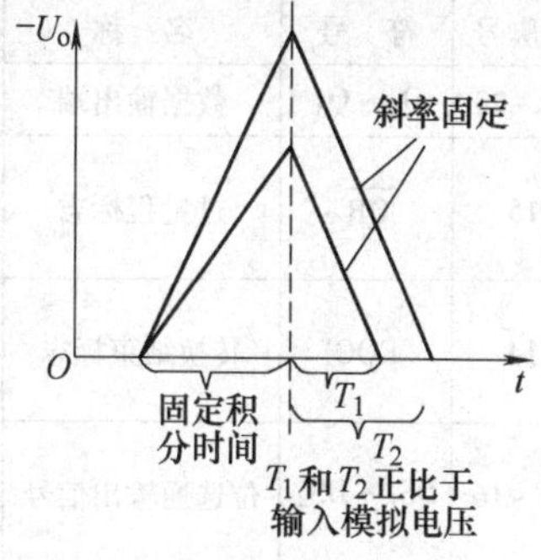

图5-4　积分器输出 u_o 与积分时间的关系

注：反向积分时间 T_1 和 T_2 正比于输入模拟电压

如图5-4所示为积分器输出 u_o 与积分时间的关系。在积分时间相等的情况下，输入的模拟电压越大，积分得到的电压 u_o 越高，而反向积分时所需要的时间越长。只要用标准的高频时钟脉冲测定反向积分所需要的时间，就可以得到输入模拟电压所对应的数字量。

2. $3\frac{1}{2}$位双积分型A/D转换器CC14433

CC14433是采用CMOS工艺制成的双积分型ADC，其广泛用于数字电压表、数字温度计及各种低速数据采集系统中。另外，仅需外接两个电阻和两个电容就可组成具有自动调零和自动极性转换功能的A/D转换系统。用作数字电压表时，CC14433有两个基本量程：满刻度1.999V和199.9mV。CC14433是24脚双列直插式封装，外形如图5-5所示，组成框图如图5-6所示，引脚功能见表5-3。

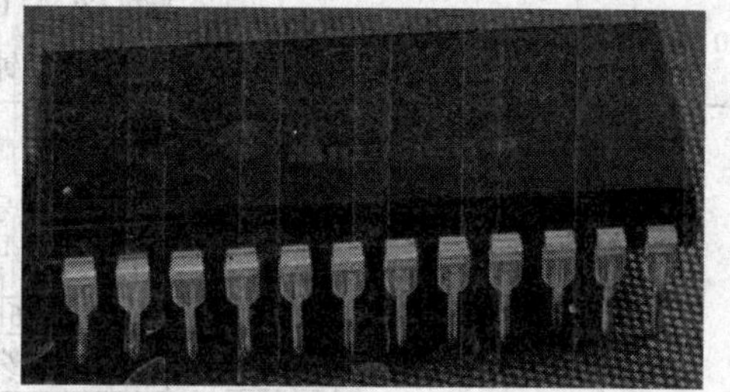

图5-5　转换器CC14433的外形

表5-3　转换器CC14433的引脚功能

引脚号	符　号	名　称	主要功能
24	V_{DD}	电源	正电源端。工作电压范围为±4.5～±8V或9～16V
13	V_{SS}	数字地	
12	V_{EE}	电源	模拟电路负电源端。一般取-5V
1	V_{AG}	模拟地	
2	V_{REF}	参考电压输入	外接参考电压输入端：若量程为1.999V，参考电压为2V；若量程为199.9mV，参考电压为200mV 若此端加一个大于5个时钟周期的负脉冲（V_{EE}电平），则系统复位到转换周期起点
3	U_I	量程输入	被测模拟电压 u_i 输入端。量程为1.999V时，最大输入为1.999V；量程为199.9mV时，最大输入为199.9mV

（续）

引脚号	符　号	名　称	主要功能
20～23	Q_0～Q_3	数据输出端	A/D 转换结果输出端，输出 BCD 码，Q_0 为低位，Q_3 为高位
15	$\overline{OR}$	过量程标志	过量程标志输出，低电平有效：$\lvert u_i \rvert > V_{REF}$时，$\overline{OR}$输出低电平；$\lvert u_i \rvert < V_{REF}$时，$\overline{OR}$输出高电平
14	EOC	转换结束标志	转换周期结束标志输出，高电平有效 每个 A/D 转换周期结束时，EOC 输出一正脉冲，脉宽为时钟周期的 1/2
19～16	DS_1～DS_4	位选通输出信号	千位、百位、十位、个位输出位选通信号，高电平有效 4 种选通脉冲均为宽 18 个时钟周期的正脉冲，间隔时间为 2 个时钟周期
9	DU	实时输出控制	实时输出控制端，主要控制转换结果输出：在 DU 端输入正脉冲，转换结果送输出锁存器并经多路开关输出；否则输出端继续输出锁存器中原转换结果 使用中，若将该端与 14 脚（EOC 输出）直接相连，则每一转换周期结果都将被输出
4	R_X	外接积分电阻	当 U_I 量程为 1.999V 时，外接电阻 R_{ext} 取 470kΩ；当 U_I 量程为 199.9mV 时，R_{ext}取 27kΩ
6		外接积分电容	外接积分电容 C_{ext}一般取 0.1μF
5	R_X/C_X	外接阻容公共连接	外接积分电阻电容 R_{ext}和 C_{ext}公共连接端，且为积分波形输出端
7、8	C_{01}、C_{02}	外接补偿电容	两端之间所接补偿电容 C_0 通常取 0.1μF
10、11	CP_1、CP_0	时钟输入、输出	当在 CP_1 与 CP_0 之间外接电阻 R_{CK} = 470kΩ 时，CC14433 可自行产生时钟。若外部输入时钟，则从 CP_1 端输入

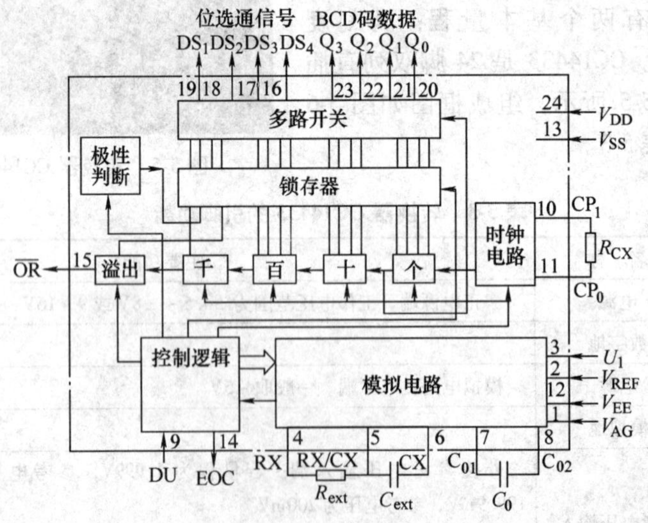

图 5-6　转换器 CC14433 结构框图

位选通脉冲信号 DS_1～DS_4 是由多路开关输出的，在每一次 A/D 转换周期结束时，先输出一个 EOC 信号，再依次输出 DS_1，DS_2，DS_3，DS_4，DS_1，DS_2，…，大约 16400 个时钟周期循环一次，如图 5-7 所示。在 DS_1 输出正脉冲期间，$Q_3Q_2Q_1Q_0$ 输出千位及过量程、欠过程和极性标志，编码见表 5-4。在 DS_2，DS_3，DS_4 输出正脉冲期间，$Q_3Q_2Q_1Q_0$ 输出 BCD 码，分别为 DS_2 对应输出百位数，DS_3 对应输出十位数，DS_4 对应输出个位数。

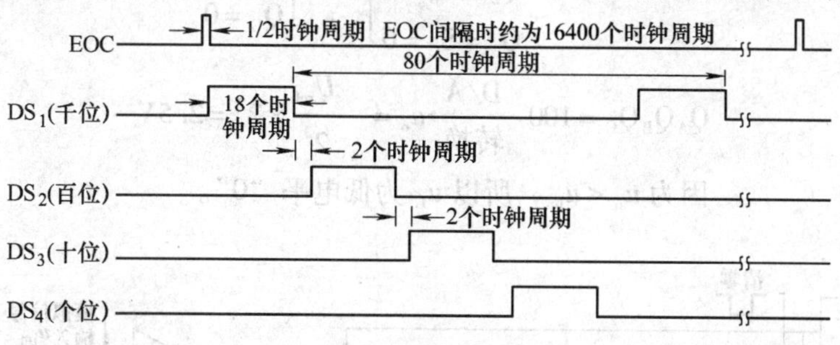

图 5-7 $DS_1 \sim DS_4$ 的时序图

表 5-4 $Q_3Q_2Q_1Q_0$ 输出功能编码

$DS_1=1$				意 义	说 明
Q_3	Q_2	Q_1	Q_0		
0	×	×	×	“千”位数 1	用 Q_3 状态表示“千”位数取值
1	×	×	×	“千”位数 0	
×	1	×	×	正极性	用 Q_2 状态表示电压极性
×	0	×	×	负极性	
×	×	×	0	量程合适	用 Q_0 状态表示量程是否合适，在量程不合适时并结合 Q_3 表示是过量程还是欠量程
0	×	×	1	过量程	
1	×	×	1	欠量程	

3. 逐次渐近型 A/D 转换器

下面以三位逐次渐近型 A/D 转换器为例，来分析 A/D 转换器的工作原理。三位逐次渐近型 A/D 转换器如图 5-8 所示。

（1）电路组成

1）寄存器：由 F_A、F_B、F_C 三个同步 RS 触发器组成。

2）D/A 转换器。

3）电压比较器。

4）顺序脉冲发生器：由 $F_1 \sim F_5$ 构成环形计数器。

5）控制逻辑门。

（2）工作原理 设参考电压 $U_{ref}=5V$，待转换电压 $u_{im}=3.8V$，转换开始前，先将寄存器 F_A、F_B、F_C 清零，$Q_A=Q_B=Q_C=0$，并将环形计数器置成 $Q_1Q_2Q_3Q_4Q_5=00001$，当转换控制信号 u_L 为“1”时，转换过程开始：

1）当第一个 CP 脉冲的上升沿到来时，环形计数器置成 $Q_1Q_2Q_3Q_4Q_5=10000$。

$$\left.\begin{array}{r}\text{RS 触发器的 CP}=1\\ Q_1=S_A=1\\ Q_2=S_B=0\\ Q_3=S_C=0\end{array}\right\}\rightarrow\left\{\begin{array}{l}Q_A=1\\ Q_B=0\\ Q_C=0\end{array}\right.$$

$$Q_AQ_BQ_C=100\xrightarrow[\text{转换}]{D/A}u_o=-\frac{U_{ref}}{2^3}\times 2^2=2.5V$$

因为 $u_o<u_{im}$，所以 u_C 为低电平“0”。

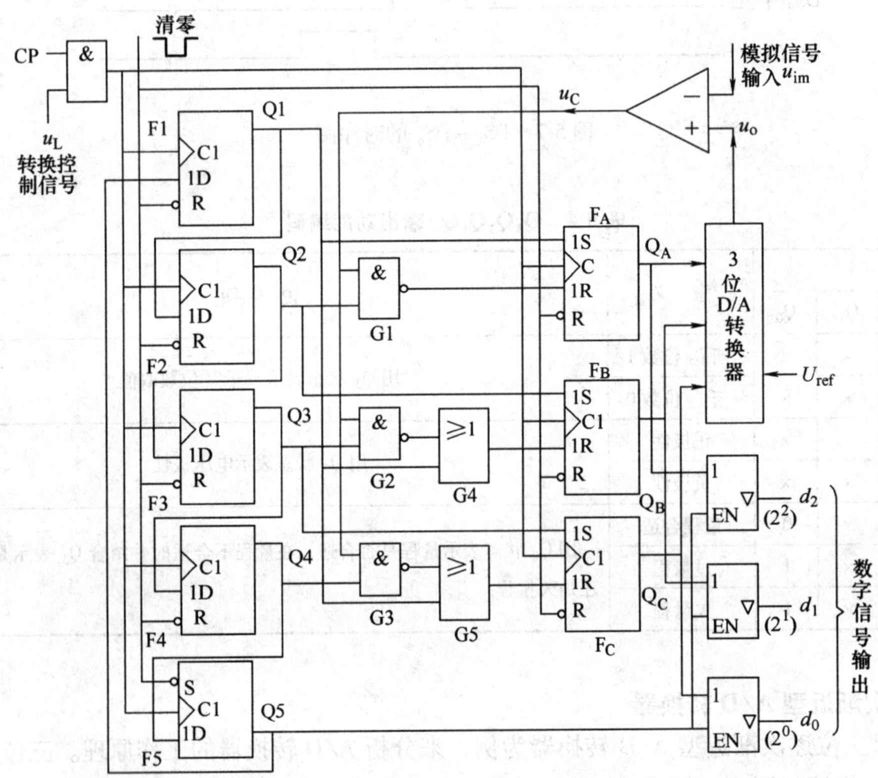

图 5-8　三位逐次渐近型 A/D 转换器

2）当第二个 CP 脉冲到来后，环形计数器置成 $Q_1Q_2Q_3Q_4Q_5=01000$。

$$\left.\begin{array}{r}\text{RS 触发器的 CP}=1\\ Q_1=S_A=0\\ Q_2=S_B=1\\ Q_3=S_C=0\end{array}\right\}\rightarrow\left\{\begin{array}{l}Q_A=1\text{（维持原态）}\\ Q_B=1\\ Q_C=0\text{（维持原态）}\end{array}\right.$$

$$Q_AQ_BQ_C=110\xrightarrow[\text{转换}]{D/A}u_o=(5\times 2^{-1}+5\times 2^{-2})V=3.75V$$

因为 $u_o<u_{im}$，所以 u_C 为“0”

3）当第三个 CP 脉冲到来后，环形计数器置成 $Q_1Q_2Q_3Q_4Q_5=00100$。

$$\left.\begin{array}{l}\text{RS 触发器的 CP}=1\\ Q_1=S_A=0\\ Q_2=S_B=0\\ Q_3=S_C=1\end{array}\right\}\longrightarrow\left\{\begin{array}{l}Q_A=1\ (\text{维持原态})\\ Q_B=1\ (\text{维持原态})\\ Q_C=1\end{array}\right.$$

$$Q_AQ_BQ_C=111\xrightarrow[\text{转换}]{D/A}u_o=(5\times2^{-1}+5\times2^{-2}+5\times2^{-3})\text{V}=4.375\text{V}$$

因为 $u_o>u_{im}$，所以 u_o 为“1”

4）当第四个 CP 脉冲到来后，环形计数器置成 $Q_1Q_2Q_3Q_4Q_5=00010$。

$$\left.\begin{array}{ll}Q_1=S_A=0 & R_A=0\\ Q_2=S_B=0 & R_B=0\\ Q_3=S_C=0 & R_C=1\end{array}\right\}\longrightarrow\left\{\begin{array}{l}\left.\begin{array}{l}Q_A=1\\ Q_B=1\end{array}\right\}(\text{维持原态})\\ Q_C=0\end{array}\right.$$

5）第五个 CP 脉冲到来后，环形计数器置成 $Q_1Q_2Q_3Q_4Q_5=00001$，即 $Q_5=1$，打开三态门，输出 A/D 转换的结果：

$$d_2d_1d_0=110$$

三位逐次渐次型 A/D 转换器完成一次转换需要经过 5 个 CP 时间周期。

想一想

有个 10 位 ADC 的输入模拟电压的满量程是 5V，输出模拟电压的数值有多少？

技能训练 14　积分式 A/D 转换电路

一、训练目的

1. 掌握积分式 A/D 转换电路的原理。

2. 掌握积分式 A/D 转换电路的安装和调试技能。

二、训练器材

1. 工具及仪表

电子钳、电烙铁、镊子等常用电子组装工具 1 套，焊锡若干；+15V 稳压电源 1 台、万用表 1 块，直流毫安表（0～30mA）1 块；直流微安表（0～130μA）1 块；电子管直流电压表 1 块；示波器 1 台。

2. 元器件

元器件明细见表 5-5。

表 5-5 元器件明细

代号	名称	规格	代号	名称	规格
R_1	碳膜电阻器	390Ω	VS1	稳压二极管	3V
R_2	碳膜电阻器	20kΩ	VS2	稳压二极管	3V
R_3	碳膜电阻器	3kΩ	VD5	二极管	
R_4	碳膜电阻器	24kΩ	VD6	二极管	
R_5	碳膜电阻器	1.5MΩ	VL	发光二极管	
R_6	碳膜电阻器	2MΩ	VT	晶体管	
R_7	碳膜电阻器	680Ω	IC1	集成电路	7805
RP1	微调电阻器	1kΩ	IC2	集成电路	LM324
RP2	微调电阻器	100kΩ	IC3	集成电路	CD4066
RP3	微调电阻器	1MΩ	IC4	集成电路	555
C_1	电解电容器	220μF/16V	T	变压器	AC220V/9V
C_2	涤纶电容器	0.47μF	SB	按钮	
C_3	电解电容器	100μF/16V	S1	拨码开关	
C_4	涤纶电容器	0.1μF	S2	拨码开关	
C_5	涤纶电容器	0.1μF	电源线及插头		
C_6	电解电容器	100μF/16V	万能电路板		
C_7	涤纶电容器	0.22μF	14Pin 集成电路插座（2 个）		
C_8	涤纶电容器	0.01μF	8Pin 集成电路插座（1 个）		
VD1	二极管	1N4001	焊料、助焊剂		
VD2	二极管	1N4001	绝缘胶布		
VD3	二极管	1N4001	多股软导线		
VD4	二极管	1N4001	紧固件 M4×15（4 套）		

三、训练内容及步骤

（1）准备元器件并检测　根据表 5-5 配齐元器件，并进行检测。

（2）万能电路板的装配

1）根据图 5-9 画出该转换电路的装配草图。

2）对元器件进行预加工。

3）电阻器、二极管（发光二极管除外）均采用水平安装方式，要求元件底部距万能电路板约 5mm，色标法电阻的色环标志顺序方向一致。

4）电容器、晶体管、集成电路 7805、发光二极管采用垂直安装方式，高度元件底部距万能电路板约 8mm。

5）集成电路插座应贴紧万能电路板安装，且注意缺口方向，将集成电路插入插座时，应避免出现插反及引脚未完全插入等现象。

6）所有焊点均采用直脚焊，焊接完成后剪去多余引脚，留头在焊面以上 0.5～1mm，且不能损伤焊接面。

7）万能电路板布线用绝缘多股导线连接，应注意合理选配颜色，连接时，防止出现短路。

8）在电源输出和负载之间设置一个缺口，供调试电源时使用。

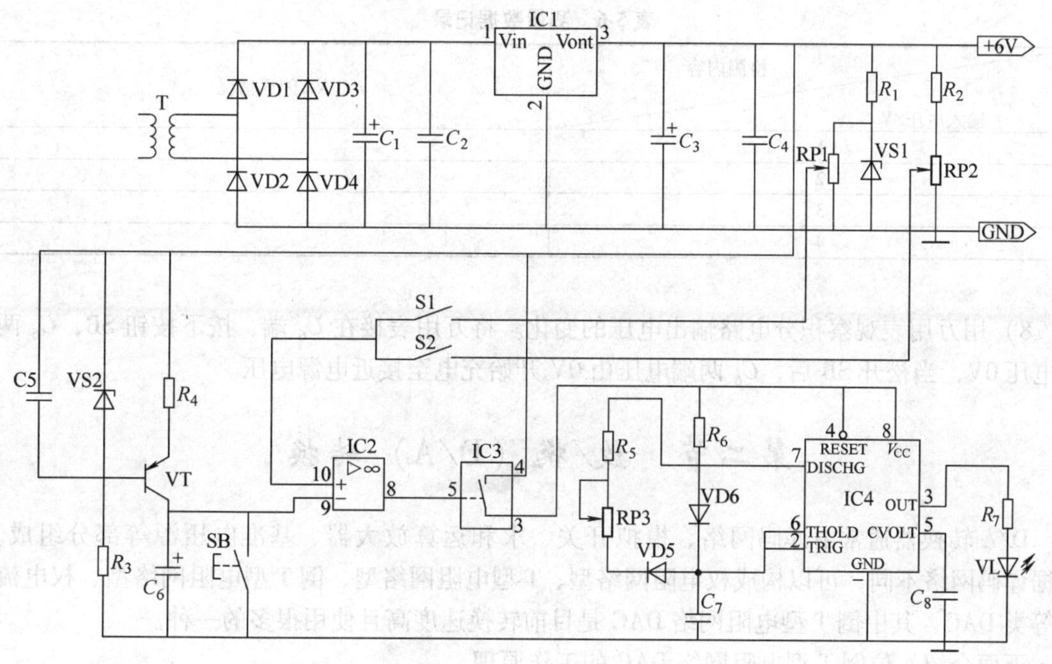

图 5-9　积分式 A/D 转换电路

（3）总装

1）电源变压器用螺钉紧固在万能电路板的元件面，一次绕组的引出线向外，二次绕组的引出线向内，万能电路板的另外两个角上也固定两个螺钉，紧固件的螺母均安装在焊接面。

2）电源线从万能电路板焊接面穿过孔 Q 后，在元件面打结，再与变压器一次绕组引出线焊接并完成绝缘恢复，变压器二次绕组引出线插入安装孔后焊接。

（4）调试　调试基准电压和计数频率；检测积分电路输出电压的变化和波形。

1）通电前特别注意电源部分是否正确，交流 220V 接线是否安全。

2）对照电气原理图和安装图，检查装配焊接的正确性。

3）检查无误后，先不插集成电路。

4）接通电源，测直流输出电压应为 6V。

5）断电后插上集成电路。用万用表电阻挡检查负载端有无短路现象，正常后将电源缺口封上。

6）接通电源，将 S1 接通，调节 RP1 使 IC2 第 10 脚输入电压为 2V，按下复位按纽 SB，观察 VL 闪灭的次数，调节 RP3，再次按下 SB，经数次反复调整，最终使 VL 闪灭的次数为

4 次。至此电路的校准调整完毕。

7）断开 S1，合上 S2，调 RP2 使 IC2 第 10 脚输入电压分别为 1V，2V，3V，4V，并观察相应的 VL 闪灭情况，即输出脉冲个数与输入电压是否成正比例关系。并将有关结果填入表 5-6。

表 5-6 测量数据记录

检测内容 / 输入电压/V	VL 闪灭情况
1	
2	
3	
4	

8）用万用表观察积分电路输出电压的变化。将万用表接在 C_6 端，按下按钮 SB，C_6 两端电压 0V，当松开 SB 后，C_6 两端电压由 0V 开始充电至接近电源电压。

第二节 数/模（D/A）转换

D/A 转换器通常由译码网络、模拟开关、求和运算放大器、基准电压源等部分组成。根据译码网络不同，可以构成权电阻网络型、T 型电阻网络型、倒 T 型电阻网络型、权电流型等类 DAC，其中倒 T 型电阻网络 DAC 是目前转换速度高且使用很多的一种。

下面介绍 4 位倒 T 型电阻网络 DAC 的工作原理。

4 位倒 T 型电阻网络 D/A 转换器由输入寄存器、电子开关、基准电压、R-$2R$ 倒 T 型电阻译码网络和求和运算放大器构成，如图 5-10 所示。

在寄存指令的作用下，输入的 4 位二进制数码 $D_3'D_2'D_1'D_0'$锁存于寄存器中，寄存器的输出 $D_3D_2D_1D_0$ 等于 $D_3'D_2'D_1'D_0'$，它们分别控制对应的电子开关 $S_3S_2S_1S_0$。

当输入数码的某一位 $D_i=1$ 时，对应 S_i 将该位 2R 接至集成运算放大器的反相输入端；当 $D_i=0$ 时，对应电子开关 S_i 将该位 $2R$ 接至集成运算放大器的同相输入端。

由集成运放“虚短”特性，由 $V_-=V_+=0$，可见，无论输入什么数码，每条支路不是接地就是接虚地。因此从基准电压 V_R 看进去的电阻总是为 R，总电流 I_R 为一个恒定值 V_R/R。

由电路原理可知，每条支路的电流分别为

$$I_3=\frac{I_R}{2^1}=\frac{V_R}{2^1R}$$

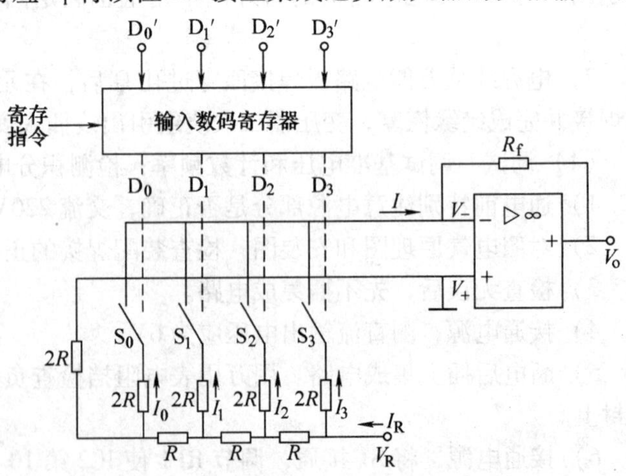

图 5-10 4 位倒 T 型电阻网络 D/A 转换器

$$I_2=\frac{I_R}{2^2}=\frac{V_R}{2^2R}$$

$$I_1=\frac{I_R}{2^3}=\frac{V_R}{2^3R}$$

$$I_0=\frac{I_R}{2^4}=\frac{V_R}{2^4R}$$

若输入数码 $D_3D_2D_1D_0=0101$，则开关 S_3、S_1 接地；S_2、S_0 接虚地，流入集成运放虚地的总电流为

$$I=I_2+I_0=\frac{V_R}{R}\left(\frac{1}{2^2}+\frac{1}{2^4}\right)$$

故对于一般情况，流入虚地的总电流为

$$I=I_3+I_2+I_1+I_0=\frac{V_R}{2^4R}(D_32^3+D_22^2+D_12^1+D_02^0)$$

输出模拟电压为

$$V_o=-IR_f=-\frac{V_RR_f}{2^4R}(D_32^3+D_22^2+D_12^1+D_02^0)$$

进一步推广可以得到：$V_o=-\frac{V_RR_f}{2^nR}(D_{n-1}2^{n-1}+D_{n-2}2^{n-2}+\cdots+D_12^1+D_02^0)$

可见，输出电压与输入的数字量成正比，从而实现了 D/A 转换。

例 在图 5-10 所示倒 T 型电阻网络 D/A 转换器中，$V_R=12V$，$R_f=R$，试分别计算 4 位和 8 位 D/A 转换器输出的最大电压（输入数字量的所有位都为 1）和最小电压（输入数字量的最低位为 1，其余各位都为 0）。

解 当 $D_{n-1}D_{n-2}\cdots D_1D_0=11\cdots11$ 时，

$V_{omax}=-V_RR_f(2^n-1)/(2^nR)$

当 $D_{n-1}D_{n-2}\cdots D_1D_0=00\cdots01$ 时，

$V_{omin}=-V_RR_f/(2^nR)$

所以：$V_{omax}(4\text{ 位})=-V_RR_f(2^4-1)/(2^4R)=-11.25V$

$V_{omin}(4\text{ 位})=-V_RR_f/(2^4R)=-0.75V$

$V_{omax}(8\text{ 位})=-V_RR_f/(2^8-1)/(2^8R)\approx-11.95V$

$V_{omin}(8\text{ 位})=-V_RR_f/(2^8R)\approx-0.047V$

可见，转换器 DAC 的位数越多，其分辨最小输出电压的能力也就越强。把说明 DAC 输出最小电压能力的指标称为分辨率，它是指最小输出电压（对应的输入数字量仅最低位为 1）与最大输出电压（对应的输入数字量各有效位全为 1）之比，即

$$\text{分辨率}=\frac{1}{2^n-1}$$

式中 n——表示输入数字量的位数。

有个 12 位的 DAC 转换器，其分辨率是多少？能够分辨出的最小模拟电压是多少？

技能训练 15　二进制权电阻 D/A 转换器的安装与调试

一、训练目的

1. 掌握 D/A 转换电路的原理。
2. 掌握 D/A 转换电路的安装和调试技能。

二、训练器材

（1）工具及仪表　电子钳、电烙铁、镊子等常用电子组装工具 1 套，焊锡若干；+15V 稳压电源 1 台、万用表 1 块，直流毫安表（0 ~ 30mA）1 块；直流微安表（0 ~ 130μA）1 块；电子管直流电压表 1 台；示波器 1 台。

（2）元器件　元器件明细见表 5-7。

表 5-7　元器件明细

代号	名称	规格	代号	名称	规格
R_1	碳膜电阻器	75kΩ	VD2	二极管	1N4001
R_2	碳膜电阻器	40kΩ	VD3	二极管	1N4001
R_3	碳膜电阻器	20kΩ	VD4	二极管	1N4001
R_4	碳膜电阻器	10kΩ	IC1	集成电路	7805
R_5	碳膜电阻器	5.1MΩ	IC2	集成电路	7905
R_6	碳膜电阻器	47kΩ	IC3	集成电路	CD4066
R_7	碳膜电阻器	47kΩ	IC4	集成电路	CD4066
R_8	微调电阻器	47kΩ	IC5	集成电路	CD4011
C_1	电解电容器	220μF/16V	IC6	集成电路	LM324
C_2	涤纶电容器	0.47μF	T	变压器	AC220V/9V
C_3	电解电容器	100μF/16V	电源线及插头		
C_4	涤纶电容器	0.1μF	万能电路板		
C_5	电解电容器	220μF/16V	14Pin 集成电路插座（4 个）		
C_6	涤纶电容器	0.47μF	焊料、助焊剂		
C_7	电解电容器	100μF/16V	绝缘胶布		
C_8	涤纶电容器	0.1μF	多股软导线		
VD1	二极管	1N4001	紧固件 M4 × 15（4 套）		

三、训练内容及步骤

（1）准备元器件并检测　根据表5-5配齐元器件，并进行检测。

（2）万能电路板的装配

1）根据图5-11所示的二进制权电阻D/A转换电路画出装配草图。

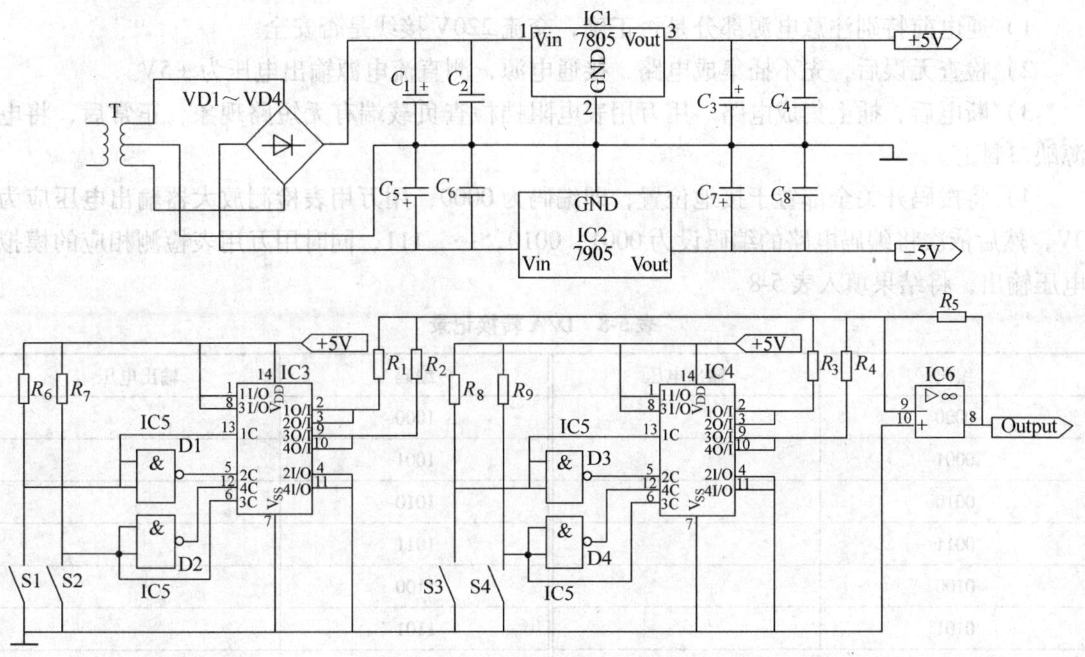

图5-11　二进制权电阻D/A转换电路

2）对元器件进行预加工。

3）电阻器、二极管均采用水平安装方式，元件底部距万能电路板约5mm，色标法电阻的色环标志顺序方向一致。

4）电容器、集成电路7805和7905采用垂直安装方式，要求元件的底部距万能电路板约8mm。

5）集成电路插座应贴紧万能电路板安装，注意缺口方向。将集成电路插入插座时，应避免出现插反及引脚未完全插入等现象。

6）所有焊点均采用直脚焊，焊接完成后剪去多余引脚，留头在焊面以上0.5～1mm，且不能损伤焊接面。

7）万能电路板布线用绝缘多股导线连接，应注意合理选配颜色，连接时，防止出现短路。

8）在电源输出和负载之间设置一个缺口，供调试电源时使用。

（3）总装

1）将电源变压器用螺钉紧固在万能电路板的元件面上，要求一次绕组的引出线向外，二次绕组的引出线向内；同时万能电路板的另外两个角上也固定两个螺钉，紧固件的螺母均安装在焊接面。

2）电源线从万能电路板焊接面穿过孔 Q 后，在元件面打结，再与变压器一次绕组引出线焊接并完成绝缘恢复，变压器二次绕组引出线插入安装孔后焊接。

（4）调试

1）通电前特别注意电源部分是否正确，交流 220V 接线是否安全。

2）检查无误后，先不插集成电路，接通电源，测直流电源输出电压为 ±5V。

3）断电后，插上集成电路。用万用表电阻挡检查负载端有无短路现象，正常后，将电源缺口封上。

4）将拨码开关全部置于接地位置，即编码为 0000，用万用表检测放大器输出电压应为 0V，然后依次将编码电路的编码设为 0001，0010，…，111，同时用万用表检测相应的模拟电压输出，将结果填入表 5-8。

表 5-8　D/A 转换记录

编码	输出电压	编码	输出电压
0000		1000	
0001		1001	
0010		1010	
0011		1011	
0100		1100	
0101		1101	
0110		1110	
0111		1111	

【阅读材料】 A/D、D/A 转换器的主要技术指标

1. A/D 转换器的主要技术指标

（1）分辨率　以输出二进制的位数表示分辨率，位数越多，误差越小，转换精度越高。

（2）相对精度　相对精度是指实际的各转换点偏离理想特性的误差。在理想情况下，所有的转换点应当在一条直线上。

（3）转换速度　它是指完成一次转换所需要的时间。转换时间是指从接到转换控制信号开始，到输出端得到稳定的数字输出信号所经过的这段时间。采用不同的转换电路，其转换速度是不同的。并行型比逐次逼近型要快得多。低速的 ADC 为 1 ~ 30ms，中速为 50μs 左右，高速约为 50ns。ADC0809 为 100μs。

（4）电源抑制　在输入模拟电压不变的前提下，当转换电路的供电电源电压发生变化时，对输出也会产生影响。这种影响可用输出数字量的绝对变化量来表示。

此外，尚有功率损耗、温度系数、输入模拟电压范围以及输出数字信号的逻辑电平等技术指标。

2. D/A 转换器的主要技术指标

（1）分辨率　D/A 转换器的分辨率是指最小输出电压（对应的输入二进制为1）与最大输出电压（对应的输入二进制数的所有位全为1）之比。

（2）精度　D/A 转换器的精度是指输出模拟电压的实际值与理想值之差，即最大静态转换误差。这误差是由于参考电压偏离标准值、运算放大器的零点漂移、模拟开关的压降以及电阻阻值的偏差等原因所引起的。

（3）线性度　通常用非线性误差的大小表示 D/A 转换器的线性度。产生非线性误差有两种原因：一是各位模拟开关的压降不一定相等，而且接 U_R 和接“地”时的压降也未必相等；各个电阻值的偏差不可能做到完全相等，而且不同位置上的电阻阻值的偏差对输出模拟电压的影响又不一样。

（4）输出电压（或电流）的建立时间　从输入数字信号起，到输出电压或电流达到稳定值所需时间，称为建立时间。建立时间包括两部分：一是距运算放大器最远的那一位输入信号的传输时间；二是运算放大器达到稳定状态所需时间。由于 T 型电阻网络 D/A 转换器是并行输入的，其转换速度较快。目前，像十位或十二位单片集成 D/A 转换器（不包括运算放大器）的转换时间一般不超过 1μs。

（5）电源抑制比　在高质量的 D/A 转换器中，要求模拟开关电路和运算放大器的电源电压发生变化时，对输出电压的影响非常小。输出电压的变化与相对应的电源电压变化之比，称为电源抑制比。

此外，尚有功率损耗、温度系数以及输入高、低逻辑电平的数值等技术指标。

本 章 小 结

本章主要介绍了模数转换器和数模转换器的组成和工作原理。

1. 模数转换器

常用的 A/D 转换器有逐次渐近型、双积分型等。模数转换具有重要的实用意义，在实际生产中，常将温度、压力、流量等信号转换成数字量。本节是本章的重点内容，也是难点内容之一。

2. 数模转换器

常用的 D/A 转换器有 T 型和倒 T 型电阻网络等多种，数模转换同样具有重要的实用意义，随着集成电路技术的发展，D/A 转换集成电路芯片种类很多，应用非常普遍。本节是本章的重点和难点。

总之，ADC 和 DAC 是联系数字系统和模拟系统的“桥梁”，也可称为两者之间的接口。模数转换和数模转换的发展方向之一是集成化，特别是发展大规模的集成电路。

复习思考题

1. 在四位逐次逼近型 ADC 中，设 $U_R = +10V$，$U_i = 8.2V$，试说明逐次比较的过程和转换的结果。

2. 有一八位T型电阻网络DAC，设 $U_R = +5V$，$R_f = 3R$，试求 $d_7 \sim d_0$ 等于11111111、10000000、00000000时的输出电压 U_o。

3. 有一八位T型电阻网络DAC，$R_f = 3R$，若 $d_7 \sim d_0 = 00000001$ 时，$U_o = -0.4V$，那么00010110和11111111时的 U_o 为多少伏？

4. 某DAC要求十位二进制数能代表0～50V，试问此二进制数的最低位代表几伏？

5. 在图5-10所示逻辑电路中，当 $d_3d_2d_1d_0 = 1010$ 时，试计算输出电压 U_o。设 $U_R = +10V$，$R_f = R$。

6. 在图5-10所示逻辑电路中，设 $U_R = +10V$，$R_f = R = 10k\Omega$，当 $d_3d_2d_1d_0 = 1011$ 时，试求此时 I_R、I_{OH}、U_o 以及各支路电流 I_3、I_2、I_1、I_0。

7. 双积分A/D转换器如图5-12所示，其中计数器为8位（由 $F_0 \sim F_7$ 组成），CP的脉冲频率为1MHz，$U_{ref} = -10V$。

（1）计算 $U_i = 3.75V$ 时，第一次和第二次积分时间 T_1 和 T_2，说明完成转换后转换器的状态。

（2）计算 $U_i = 2.5V$ 时，第一次和第二次积分时间 T_1 和 T_2，说明完成转换后转换器的状态。

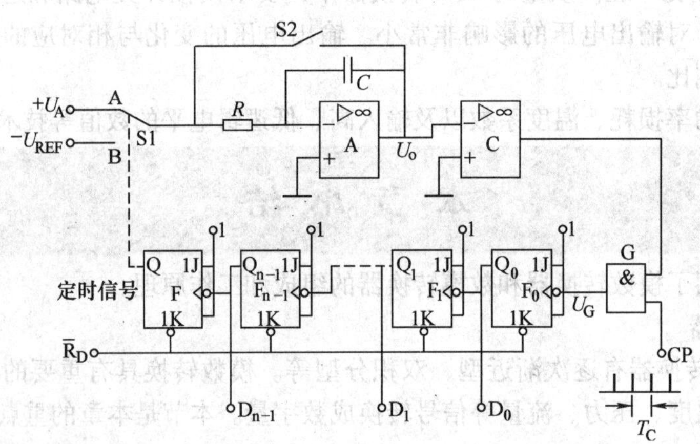

图5-12 双积分A/D转换器

参 考 文 献

[1] 肖明耀. 数字逻辑电路 [M]. 北京：中国劳动社会保障出版社，2003.
[2] 黄士声. 电子专业技能训练 [M]. 北京：中国劳动社会保障出版社，2003.
[3] 刘蕴陶. 电工电子技术 [M]. 北京：高等教育出版社，2005.
[4] 北京航空大学电工电子中心. 航天电工电子实验 [M]. 北京：国防工业出版社，2004.
[5] 褚林裕. 电子技术基础 [M]. 3 版. 北京：中国劳动社会保障出版社，2001.
[6] 秦曾煌. 电工学 [M]. 6 版. 北京：高等教育出版社，2005.

读者信息反馈表

感谢您购买《数字电子》一书。为了更好地为您服务，有针对性地为您提供图书信息，方便您选购合适图书，我们希望了解您的需求和对我们教材的意见和建议，愿这小小的表格为我们架起一座沟通的桥梁。

<table>
<tr><td>姓　　名</td><td></td><td colspan="2">所在单位名称</td><td colspan="2"></td></tr>
<tr><td>性　　别</td><td></td><td colspan="2">所从事工作(或专业)</td><td colspan="2"></td></tr>
<tr><td>通信地址</td><td colspan="3"></td><td>邮　　编</td><td></td></tr>
<tr><td>办公电话</td><td colspan="2"></td><td>移动电话</td><td colspan="2"></td></tr>
<tr><td>E-mail</td><td colspan="5"></td></tr>
<tr><td colspan="6">1. 您选择图书时主要考虑的因素:(在相应项前面√)
(　　)出版社　(　　)内容　(　　)价格　(　　)封面设计　(　　)其他
2. 您选择我们图书的途径(在相应项前面√)
(　　)书目　(　　)书店　(　　)网站　(　　)朋友推介　(　　)其他</td></tr>
<tr><td colspan="6">希望我们与您经常保持联系的方式:
□电子邮件信息　□定期邮寄书目
□通过编辑联络　□定期电话咨询</td></tr>
<tr><td colspan="6">您关注(或需要)哪些类图书和教材:</td></tr>
<tr><td colspan="6">您对我社图书出版有哪些意见和建议（可从内容、质量、设计、需求等方面谈）:</td></tr>
<tr><td colspan="6">您今后是否准备出版相应的教材、图书或专著（请写出出版的专业方向、准备出版的时间、出版社的选择等）:</td></tr>
</table>

非常感谢您能抽出宝贵的时间完成这张调查表的填写并回寄给我们，您的意见和建议一经采纳，我们将有礼品回赠。我们愿以真诚的服务回报您对机械工业出版社技能教育分社的关心和支持。

请联系我们——

地　　址　北京市西城区百万庄大街 22 号　机械工业出版社技能教育分社

邮　　编　100037

社长电话　(010) 88379080　88379083　68329397（带传真）

E-mail　jnfs@ mail. machineinfo. gov. cn